水産学シリーズ

152

日本水産学会監修

テレメトリー
－水生動物の行動と漁具の運動解析

山本勝太郎・山根　猛・光永　靖　編

2006・10

恒星社厚生閣

まえがき

　小型の発信機や記録計を用いて情報を遠隔的に測定するテレメトリーは「見えない水中を観る」のにとても優れた手法である．テレメトリーは本来，製造工程のモニタリングや品質管理など産業工学分野から派生したものであるが，一体構造化と耐水圧化を達成し，大型海洋生物に装着するバイオテレメトリー（生物行動情報遠隔測定）に用いられはじめた．エレクトロニクスの発展に伴い小型化し，近年では魚類などの水産生物にも応用が可能となった．そして現在，あたかも「先祖帰り」のような形で，漁具を対象にテレメトリーが行われるようになってきた．

　この度，水産学シリーズ「テレメトリー」を出版するにあたり，第Ⅰ部では直接の漁獲対象である魚類のテレメトリーを，第Ⅱ部では装着可能な測器が大きいことからも，いまだなおバイオテレメトリー分野をリードし続ける哺乳類・爬虫類のテレメトリーを，第Ⅲ部ではギアテレメトリー（漁具運動情報遠隔測定）を取り上げた．これまでにも水産分野でテレメトリーを扱った著書やシンポジウムは存在したが，バイオテレメトリーとギアテレメトリーを同時に扱ったのはおそらく本書が最初であろう．これからの水産分野におけるテレメトリーには，哺乳類・爬虫類から適応されだす最先端の測器を参考に，漁獲対象種のバイオテレメトリー情報と漁具のギアテレメトリー情報とを融合していくことが望まれる．

　これまでテレメトリー研究は，いかに測器を装着して，いかに情報を収集するか，測器の開発に始まり，その手法を試行錯誤してきた．いまや，手法はほぼ確立された．現に本書の執筆陣の大半が，博士後期課程の院生である．すなわち研究を開始したときにはすでに，テレメトリーという手法が用意されていた．これまで水産分野におけるテレメトリーの礎を築いてくださった先生方に敬意を表するとともに，今回，若手研究者にこのような執筆の場を与えてくださったことに深謝する．本書を通じてより多くの皆様が「テレメトリー」に理解と興味を示していただければ幸いである．テレメトリーはあくまで手法であり，皆様が直面している水産業が抱える多くの問題に対して，直接的な切り口

になりえると確信している．ユーザーの増加は，現在テレメトリー研究が抱える大きな悩み，個々の測器が高額なゆえにしばしばサンプル数の不足が指摘される問題を払拭し，ひとつひとつの研究の積み重ねが，説得力をもった結果として開花することを願ってやまない．

 2006年9月吉日

光永 靖

テレメトリー—水生動物の行動と漁具の運動解析　目次

まえがき………………………………………………………（光永　靖）

Ⅰ．魚類の行動解析への応用

1．メバルの回帰・固執行動……………………（三田村啓理）………9
§1．メバルの回帰行動の発見（10）　§2．メバルの回帰行動における視覚と嗅覚器官の役割（11）　§3．回帰・固執行動研究におけるバイオテレメトリー（18）

2．月周産卵魚カンモンハタの産卵関連行動
……………………………………（征矢野　清・中村　將）………22
§1．カンモンハタの生殖腺発達と産卵（23）　§2．カンモンハタの生殖関連行動（24）　§3．満月大潮後の産卵確認（27）　§4．月周リズムを生み出すメカニズム（28）　§5．バイオテレメトリーを用いた行動生理学的研究の必要性（29）

3．加速度データロガーによるシロザケの繁殖行動解析
………………………………………………（津田裕一）………31
§1．シロザケの繁殖行動（32）　§2．加速度データロガーによる行動のカテゴライズ（33）　§3．雌雄間の行動連鎖（39）　§4．河川環境変化がシロザケの行動へ及ぼす影響（39）

4．バイオロギングによるクロマグロの行動生態研究の現状……………………（北川貴士）………45
§1．アーカイバルタグ（Archival Tag）（45）　§2．経度・緯度推定原理と主な推定誤差要因（47）　§3．クロ

マグロの回遊状況の例 (48)　§4. 鉛直遊泳行動とそれに及ぼす鉛直水温構造の影響 (52)　§5. 今後の展望：バイオロギングのモニタリングシステムへの応用 (53)

II. 哺乳類・爬虫類の行動解析への応用

5. バイカルアザラシの潜水行動解析 ……(渡辺佑基)…………56
　§1. 自動切り離しデータロガー回収システム (56)
　§2. バイカルアザラシの潜水パターン (59)　§3. 浮力の影響 (62)

6. 鳴音を利用したジュゴンの行動追跡
　　　　……………………………………(市川光太郎)…………65
　§1. 沿岸域でのジュゴンの行動観察手法 (65)
　§2. ジュゴン観察への受動的音響観察の適用 (67)
　§3. ジュゴンの沿岸域での行動 (68)　§4. 今後の課題 (72)

7. アオウミガメの回遊・潜水行動
　　　　………………………………………(安田十也)…………76
　§1. 砂浜産卵調査によるアオウミガメの繁殖季節性の研究 (76)　§2. 衛星テレメトリーによるアオウミガメの回遊追跡 (78)　§3. 繁殖成果と潜水行動 (80)
　§4. テレメトリー手法の爬虫類への展開 (84)

III. 漁具の運動解析への応用

8. 刺網の運動解析と漁獲過程のモデル化
　　　　………………………………………(清水孝士)…………86
　§1. 刺網の運動解析 (87)　§2. 現象のモデル化 (92)
　§3. 今後の課題と展開 (95)

9. 曳網採集具の運動解析 ……………………(板谷和彦)………98
 §1. 採集具へのテレメトリー手法の活用(*98*)
 §2. 調査での活用事例(*100*)　§3. 今後の展望(*105*)

10. ソデイカ針の動態と漁獲過程……………(光永　靖)………107
 §1. ソデイカ針のギアテレメトリー(*108*)　§2. ソデイカのバイオテレメトリー(*112*)　§3. ソデイカの漁獲過程(*115*)

11. コウイカかごの潮流による姿勢変化の解析
 ……………………………………(平石智徳)………117
 §1. イカかご漁具(*118*)　§2. データロガーの加速度センサーと流速測定プロペラ出力の特性(*120*)
 §3. イカかご周辺の流況と姿勢変化の解析結果(*122*)
 §4. 今後の課題(*124*)

Aquatic Biotelemetry and Fishing Gear Telemetry

Edited by Katsutaro Yamamoto, Takeshi Yamane, and Yasushi Mitsunaga

Preface   Yasushi Mitsunaga

I. Aquatic Biotelemetry, Fishes
  1. Homing behavior and site fidelity of black rockfish
                                              Hiromichi Mitamura
  2. Lunar-related maturation and spawning migration in honeycomb grouper   Kiyoshi Soyano and Masaru Nakamura
  3. Monitoring the spawning behavior of chum salmon by an acceleration data-logger   Yuichi Tsuda
  4. Biologging studies on the behavioral ecology of Pacific bluefin tuna (*Thunnus orientalis*)   Takashi Kitagawa

II. Aquatic Biotelemetry, Mammals and Reptiles
  5. Diving behavior of Baikal seals in Lake Baikal   Yuuki Watanabe
  6. Acoustic detection and localization of dugong calls   Kotaro Ichikawa
  7. Migration and diving behavior of green turtles   Tohya Yasuda

III. Fishing Gear Telemetry
  8. Dynamic analysis of gill nets and modelling of the capture process
                                             Takashi Shimizu
  9. Dynamic analysis of the towed net sampler   Kazuhiko Itaya
  10. The capture process of diamondback squid fishing
                                             Yasushi Mitsunaga
  11. Dynamic analysis of cuttlefish basket trap   Tomonori Hiraishi

I. 魚類の行動解析への応用

1. メバルの回帰・固執行動

三田村 啓理[*]

　水圏生物の生息場所や産卵場などへの回帰および固執に関する問題は，行動学から，内分泌学そして生理生化学に至るまで幅広い学問分野から注目を集めるテーマである．母川回帰を行うサケ・マス類，母浜回帰を行うウミガメ類，そしてマダラやカレイ類の産卵回帰が典型的な例として広く知られている[1-4]．これらの水圏生物がどの感覚器官を使用して生息場所や産卵場に回帰しているのかについては行動学的な観点から多くの研究がなされている．しかし，これらの水圏生物は場合によっては数千kmにも及ぶ長距離を回帰・移動する．このため，回帰・固執行動の開始から終了までのすべての行程を個体に注目して連続観察することは非常に困難である．

　主に北太平洋に生息するメバル属魚類 $Sebastes$ sp. は生息場所に強く固執することが知られており，生息場所から数km離れたところに移送放流しても数日以内に生息場所に回帰することが知られている[5, 6]．このためメバル属魚類の生息場所への回帰・固執行動は比較的狭い範囲かつ短期間で確認できることから，メバル属魚類は回帰・固執行動のメカニズムを明らかにするためのモデル生物に適している．ある地点への回帰および固執行動のメカニズムを把握することは，基礎的知見の把握だけを目的とするものではない．水圏生物資源の管理，栽培漁業における種苗の再捕率および放流地点への定着を高めるための放流技術の開発並びに種苗性の改善という応用に繋がる．ここでは，日本近海に生息するメバル $Sebastes\ inermis$ の回帰・固執行動のメカニズムに関する最新の研究を紹介する．

---

[*] 京都大学大学院情報学研究科

§1. メバルの回帰行動の発見
1・1 超音波バイオテレメトリー実験

1970年代より,多くのメバル属魚類が生息場所に強く固執して,生息場所から数km離れたところに移送放流されても数日以内に生息場所に回帰することが報告されてきた[5-7].日本近海の岩礁域や藻場に生息するメバルは,比較的行動範囲が狭く,その生息場所に固執することが知られている[8,9].更には生息場所内には特に利用頻度の高い場所(コアエリア)が存在して,雄は繁殖期になるとその場所を中心としてなわばりを形成する[9].しかし,メバルが,他のメバル属魚類と同様に移送放流後に生息場所に回帰するかどうかは知られていなかった.そこで筆者らは,バイオテレメトリーを用いて,移送放流後のメバルが生息場所へ回帰するかどうかを調べた[10].

実験は,関西空港の周辺海域で行った(図1・1).関西空港島東護岸の3ヶ所で25個体(全長216±13mm)の性成熟したメバルを捕獲した(図1・1).捕獲から4〜5日後に,外科的手術により腹腔内に超音波コード化発信機(V8SC-6L, Vemco社製)を装着した.実験個体は,発信機装着から4日後に捕獲場所から最大で約4.5 km離れた2地点に放流した.放流後は,調査船に搭載して実験個体の位置を高精度で把握できる追跡型受信機(VR28, Vemco社製)を使用して実験個体を追跡した.

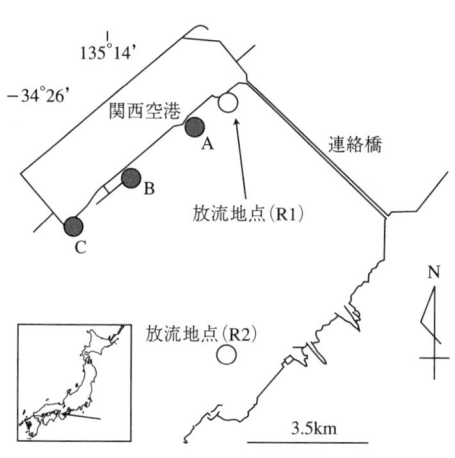

図1・1 実験海域,捕獲場所(A, B, C),放流地点(R1, R2).

1・2 メバルの生息場所への回帰行動

空港島護岸(R1)で放流された20個体は,放流後,空港島東護岸に沿って移動を開始した.これらの個体は,放流から4時間以内は護岸沿いにランダムに移動した(V-test, $p > 0.05$)のに対して,放流から4時間が経過すると一

斉にそれぞれの捕獲場所の方向へ移動を開始した（V-test, $p < 0.025$）（図1・2）．放流から数日の間に，これらの個体のうち14個体がそれぞれの捕獲場所に回帰した．これらの結果は，放流から4時間の間に個体はそれぞれの生息場所の方向を探知して，その後，生息場所に回帰したことを示している．空港島から約4.5km離れた地点（R2）で放流された5個体は，放流直後は潮流の流向に沿って移動した．その後，放流から11日間以内に3個体がそれぞれの捕獲場所に回帰した．回帰率は，地点Aで100％（3個体中3個体），地点Bで60％（10個体中6個体），地点Cで67％（12個体中8個体）であった．これらの結果より，メバルは他のメバル属魚類と同様に，移送放流された後は生息場所に回帰することが明らかとなった．

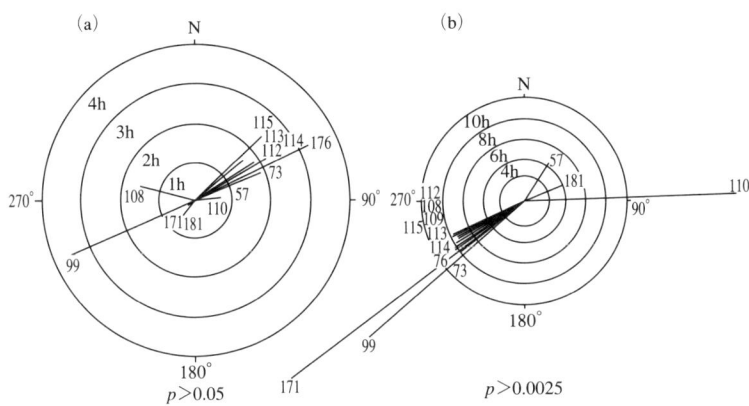

図1・2　(a) 放流から4時間以内の個体の移動方向と (b) 放流から4時間以降の個体の移動方向．数字は個体番号を示す．中心は放流地点を表す．

§2. メバルの回帰行動における視覚と嗅覚器官の役割

2・1　視覚遮蔽実験

メバル属には約100種が属し[6]，それらの多くの種が強く生息場所へ固執し，生息場所への回帰能力を有している[6, 7]．更に，回帰に使用している感覚器官も，メバル属魚類に共通している可能性があることが報告されている[7]．しかしこれまでにメバル属魚類の回帰行動パターン，活動性，生息場所選択に関する研究は行われてきたが，回帰メカニズムに着目した研究は行われてこなかっ

た．一般的に居着魚は，浮魚よりも海底地形の特徴を記憶し易いと考えられる[11, 12]．メバルは成長が遅く，比較的寿命が長い[13, 14]．更に，メバルは生息場所が比較的狭い居着魚である．そこでメバルが回帰に使用する感覚器官を明らかにすることを目的に，まず視覚に着目した移送放流実験を行った[15]．

視覚遮蔽実験には，性成熟したメバル14個体（全長225±19 mm）を使用した．外科的手術により腹腔内に超音波コード化発信機（V8SC-6L，Vemco社製）を装着した．長期行動記録用設置型受信機（VR1，VR2，Vemco社製）5台を実験海域に設置して，移送放流後の実験個体の行動をモニタリングした（図1・3）．この受信機は半径約400 m以内の個体の識別番号および受信時刻を記録できる．

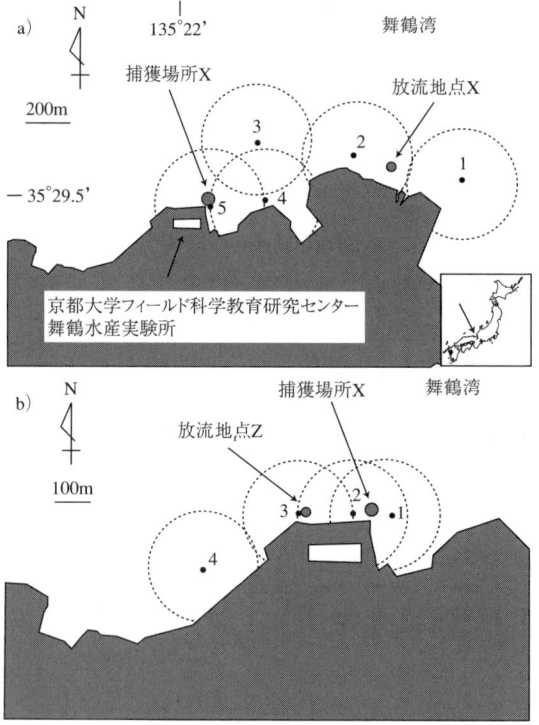

図1・3　視覚遮蔽実験1および同実験2の実験海域（aとb）．実験1では長期行動記録用設置型受信機を5台，実験2では同受信機を4台設置した．点線は，各受信機の受信範囲を示す．

視覚に着目した放流実験を舞鶴湾で2回行った（図1・3）．実験個体は，黒色のポリ塩化ビニルで目を覆い視覚を遮蔽した．対照群には，透明のポリ塩化ビニルを同様に使用した．1回目の放流実験で，視覚遮蔽群3個体と対照群3個体を捕獲場所（X）から約1km離れた個体の生息場所の外側であると予想される地点Yに放流した（図1・3）．2回目の放流実験では，視覚遮蔽群4個体と対照群4個体を捕獲場所（X）から約150m離れた個体の生息場所の内側であると予想される地点Zに放流した（図1・3）．

2・2 視覚の役割

2回の視覚遮蔽実験をあわせて，各群7個体中6個体がそれぞれ捕獲場所へ回帰した．回帰した12個体中8個体が夕暮れから夜明けまでの間に回帰した．1回目の視覚遮蔽実験では，視覚遮蔽群すべての個体および対照群3個体中2個体が捕獲場所に回帰した．2回目の視覚遮蔽放流実験では，視覚遮蔽群4個体中3個体および対照群すべての個体が捕獲場所に回帰した．両実験ともに回帰に要した時間は，両群で差はなかった（実験1；t-test：$N_{blind}=3$，$N_{control}=3$，$p>0.05$，実験2；t-test：$N_{blind}=4$，$N_{control}=4$，$p>0.05$）．回帰経路も両群で差はないように思われた（図1・4）．

野生動物がランドマークを使用してある地点へ移動するためには，移動開始時点で周囲に既知のランドマークが存在する必要がある[16]．捕獲場所から約150mしか離れていない地点に放流した，2回目の視覚遮蔽実験において，回帰した実験個体は実験終了時までに何度も放流地点付近に移動することが確認された．この結果は，放流地点が実験個体の生息場所に含まれていることを示唆している．しかし，回帰に要した時間および回帰経路に差がなかったことから，生息場所の内側から捕獲場所，つまりコアエリアへの回帰にもメバルは視覚を使用していないことが示唆された．

1回目の視覚遮蔽実験では，実験個体を捕獲場所から約1km離れた場所に放流した．この放流実験において，回帰した実験個体は実験終了時までに1度も放流地点付近に移動することはなかった．この結果は，放流地点は実験個体の生息場所に含まれていないことを示唆している．これらの実験の結果より生息場所の外側からの回帰には視覚以外の機能を使用していることが明らかとなった．メバルは仔稚魚の期間に定着する場所を探して浮遊し，比較的広い範囲

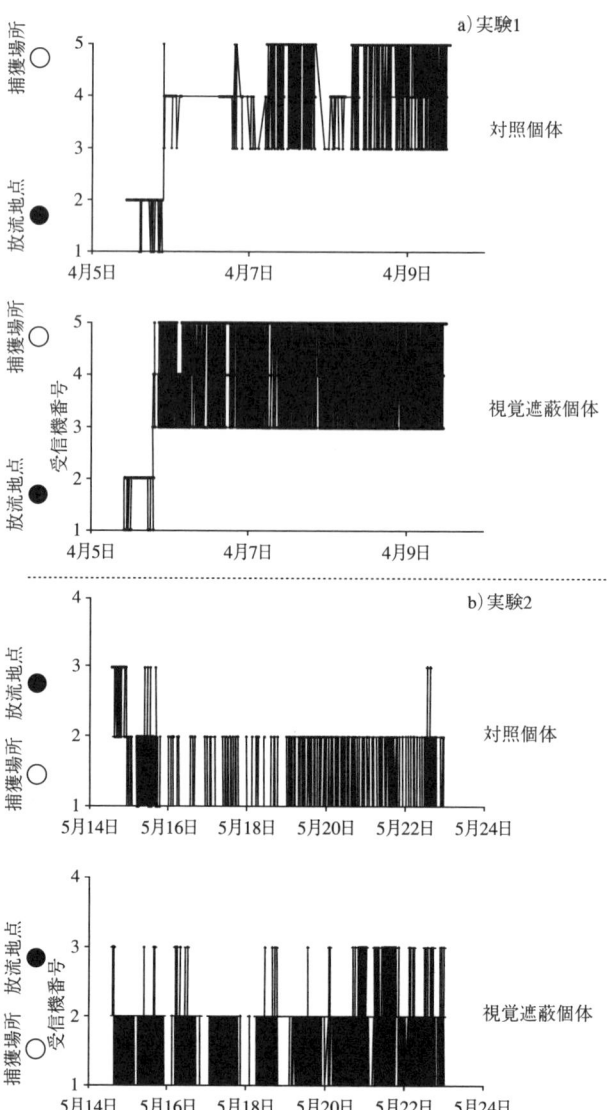

図1・4 視覚遮蔽実験における対照個体と視覚遮蔽個体の典型的な回帰経路．実験1では，実験個体を捕獲地点から約1km離れた，生息域外である地点に放流した．実験2では，実験個体を捕獲地点から約150m離れた，生息域外である地点に放流した．

を移動する．確かに，この仔稚魚の期間に広範囲にわたる海底の地形を記憶することは可能である[7]．しかし，狭い生息場所に強く固執する性成熟したメバルにとって，普段，生息場所の外側へ移動することは希である．そのメバルにとって，仔稚魚期に記憶した生息場所外の海底地形を記憶し続けることに利点はないであろう．更には，本実験において回帰した12個体中8個体が夕暮れから夜明けまでに回帰した．一般的に，夜間よりも昼間の方が視覚を使用し易いであろう．更には生息場所の外側へ移送放流されたメバルは，生息場所の方向を探知できた．またメバルは，移送放流直後，潮流方向に沿ってランダムに移動する[10]．メバルは生息場所の外側への移送放流直後はランダムに移動して，この期間に生息場所内から何らかの刺激を受け，生息場所の方向を探知するのであろう．

2・3 嗅覚妨害実験

メバルと同様にCopper rockfish *Sebastes caurinus* およびQuillback rockfish *Sebastes maliger* は，移送放流直後は潮流方向に沿って移動することが報告されており，サケ・マス類と同様にメバル属魚類の回帰には視覚だけでなく嗅覚器官の使用も示唆されている[7, 10]．そこで，次に嗅覚器官に着目した移送放流実験を行った[15]．

嗅覚妨害実験は，関西空港周辺海域において行った（図1・5）．視覚遮蔽実験と同様に，性成熟したメバル10個体（全長224±20mm）の腹腔内に同超音波コード化発信機を装着した．嗅覚を妨害するために，6個体の鼻孔にワセリンを詰めた．ワセリンは，装着から5～10日間は脱落しない．嗅覚妨害群6

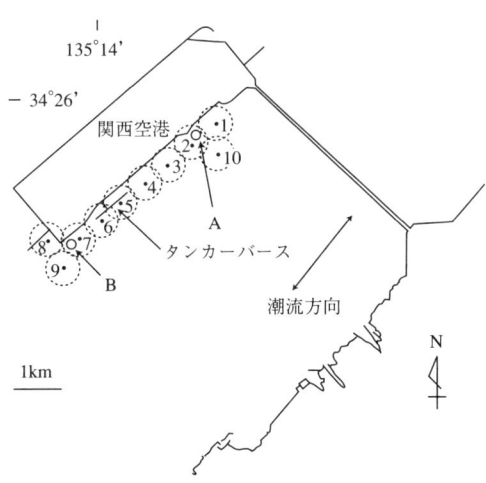

図1・5 嗅覚妨害実験の実験海域．長期行動記録用設置型受信機10台を設置した．点線は，各受信機の受信範囲を示す．地点AおよびBは，放流地点および捕獲場所を示す．

個体および対照群 4 個体を捕獲場所（A および B）から約 2 km 離れた地点に放流した（図 1・5）．長期行動記録用設置型受信機 10 台を実験海域に設置して，移送放流後の実験個体の行動をモニタリングした（図 1・5）．

2・4 嗅覚器官の役割

対照群すべての個体が夕暮れから夜明けまでの間に捕獲場所に回帰した（図 1・6a）．これに対して，嗅覚妨害を施された 6 個体中 4 個体が捕獲場所に回帰しなかった．回帰しなかった個体は，捕獲場所とは逆方向に移動してモニタリングできなくなった（図 1・6b），または餌生物が豊富であるなど捕獲場所よりも生息場所として優れていると思われる地点に居着いた（図 1・6c）．他の嗅覚妨害群の 2 個体は，放流後空港島護岸に沿って移動を繰り返し，最終的に鼻孔からワセリンが外れた時期に捕獲場所に回帰した（図 1・6d）．回帰に要した時間は，嗅覚妨害群よりも対照群の方が有意に短かった（Mann-Whitney U-test： $N_{intact}=4$, $N_{olfactory\ ablation}=6$, $p<0.05$）．

嗅覚妨害実験は，実験個体を捕獲場所から約 2 km 離れたに地点に放流した．この放流実験において，回帰した実験個体は実験終了時までに 1 度も放流地点付近に移動することはなかった．この結果は，両実験における放流地点は実験個体の生息場所に含まれていないことを示唆している．これらの実験の結果から，メバルは回帰に嗅覚器官を使用していることが示唆された．多くの居着魚が視覚を使用して定位または移動するのに対して，メバルは回遊魚のサケ・マス類と同様に，生息場所への回帰に視覚ではなく嗅覚器官を使用することが明らかとなった[11, 12, 17]．メバルは夜行性の魚類であり，比較的透明度の低い海域に生息する．これらが，メバルが視覚よりも嗅覚器官を使用するようになった一因であるかもしれない．しかしながら嗅覚器官で何を感知して生息場所へ回帰しているかは未だ不明である．

2・5 メバルの回帰・固執行動

メバルは，狭い範囲に多くの個体が同時に生息する[13]．雄は繁殖期にはなわばりを有し，生息場所内，特になわばり付近で交接を行う[9]．このため，メバルは生息場所に回帰・固執すれば，交接相手を得る確率つまり繁殖成功率を高める可能性がある．嗅覚妨害実験では，嗅覚を妨害していない性成熟したメバルは，餌環境などが生息場所よりもよいとされる地点を通過して，生息場所に

1. メバルの回帰・固執行動　17

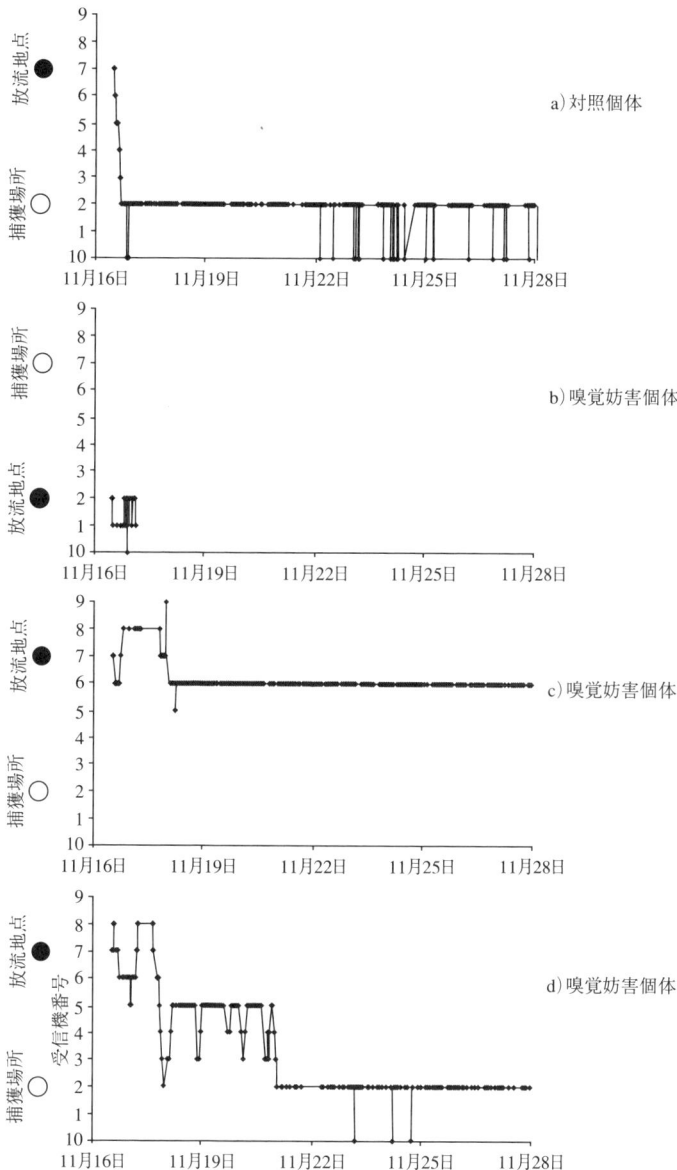

図1・6　嗅覚妨害実験における対照個体（a）と嗅覚妨害個体（b, c, d）の典型的な回帰経路．実験個体を捕獲地点から約2km離れた，生息域外である地点に放流した．

回帰した．これに対して，嗅覚を妨害した個体の半分は生息場所を発見できず，生息場所よりも餌環境などがよいとされる地点に定着した．これらの結果は，メバルはある地点で1度繁殖に成功すれば，他の地点よりもその地点を好む傾向があることを示している．また生息場所を発見できない場合は，成長が望める餌生物が比較的多い地点などに定着するのであろう．

　視覚遮蔽実験では，2回の放流実験に共通して最小個体（全長190 mmと202 mm）が生息場所に回帰しなかった．小さい雄は，大きい雄のなわばりの外側に比較的小さななわばりを形成する[9]．大きな雄は小さな雄を追い払い，小さな雄の雌との交接の機会を減少させる[9]．これらの事実は，繁殖を成功させたことがある成熟個体および大きい個体の方が小さな個体よりも生息場所へ回帰・固執することに利点があることを示唆している．小さな個体の低回帰率は，繁殖よりも成長を優先することによるのかもしれない．

　本研究によって，多くのメバル属魚類と同様に，メバルが生息場所から数km離れたところに移送放流されても数日以内に生息場所に回帰することが明らかとなった．そして，生息場所への回帰には視覚よりも主に嗅覚を使用している可能性が示された．更には最新の研究により，居着魚のメバルも大規模回遊をおこなう水圏生物と同様に磁気感覚を有していることが明らかとなった[18-20]．これらのことから，メバルは嗅覚と地磁気を併用している可能性が考えられる．しかし，潜水してメバルの行動を観察していると，岩礁域内のコアエリア付近ではメバルはランドマークを頼りに移動しているようにも見うけられる．多くの魚類がそうであるように，メバルが生息場所への回帰行動に嗅覚と地磁気のみならず視覚を含め複数の環境情報を使用している可能性を否定はできない．今後，更なる詳細な実験が期待されるところである．

§3. 回帰・固執行動研究におけるバイオテレメトリー

　水圏生物だけでなく多くの陸圏生物が，生息場や産卵場などに回帰・固執する．水圏生物では，上述のメバル属魚類とともに，母川回帰するサケ・マス類や母浜回帰をするウミガメ類が広く知られている．陸圏生物では，広義に解釈すると渡りをおこなう鳥類や摂餌場所と巣を往復するアリ類やハチ類が有名である．これらの生物の回帰・固執行動は多くの研究者らの興味をひき，長年研

究の対象となってきた．回帰・固執行動を研究するに当たり，非常に重要になる要素の1つが個体の位置である．陸圏生物の行動は比較的容易に個体を観察でき，そして個体の位置を知ることができる．このため多くの陸圏生物で回帰・固執行動の研究がすすめられ，多大な成果があげられてきた．それに対して，水圏生物は目にすることが容易ではない水圏という巨大な3次元空間の中で生息することから，その行動は長く神秘の世界として閉ざされてきた．もちろん潜水観察などの手法によって，これまで多くの研究成果があげられていることは事実である．しかしこれらの手法は，長期間そして長距離にわたる観察や夜間の観察が困難であった．近年のエレクトロニクスの発達によって，自然水域での水圏生物の行動を知るためにバイオテレメトリーが開発された．バイオテレメトリーによって，水圏生物の行動を昼夜問わず長期間，長距離にわたる観察が可能となった．特に，上述した超音波発信機と超音波受信機やアーカイバルタグ，衛星送信機を用いれば，水圏における生物の位置を知ることができる．これらのことからバイオテレメトリーは，水圏生物の回帰・固執行動を研究するに当たり，非常に有効な手法であることがわかる．近年新たに開発されたバイオテレメトリー測器は，個体の位置だけでなく，ある地点での水圏生物の生理状態や動きそのものを測定することができる．水圏生物の回帰・固執行動を理解するためには，今後，これらのバイオテレメトリーを使用するとともに，温度，地形，流れなどの環境情報を組み合わせ，多角的に調査してく必要がある．そうれば自ずと，水圏生物の回帰・固執行動のメカニズムの解明に近づくであろう．

謝　辞

　本研究を行うに当たり京都大学大学院情報学研究科の荒井修亮博士，近畿大学水産研究所の坂本亘博士，近畿大学農学部の光永靖博士，関西国際空港株式会社の米田佳弘氏，佐々木雅人氏，マレーシアサバ大学ボルネオ海洋研の向井幸則博士，株式会社シャトー海洋調査の中村憲司氏には多大なご支援を頂くとともに心あるご指導を頂きました．深く感謝いたします．

文 献

1) A. D. Hasler, and A. T. Scholz: Olfactory imprinting and homing in salmon. Springer-Verlag, New York, 1983, pp. 1-134.
2) J. D. Metcalfe, G. P. Arnold, and P. W. Webb: The energetics of migration by selective tidal stream transport: an analysis for plaice tracked in the Southern North Sea, J. Mar. Biol. Ass. U.K., 70, 149-162 (1990).
3) J. D. Metcalfe, B. H. Holford, and G. P. Arnold : Orientation of Plaice (Pleuronectes platessa) in the open sea: evidence for the use of external directional clues, Mar. Biol., 117, 559-566 (1993).
4) D. Robichaud, and G. A. Rose: Multiyear homing of Atlantic cod to spawning ground, Can. J. Fish. Aquat. Sci., 58, 2325-2329 (2001).
5) H. R. Carlson, and R. E. Haight: Evidence for a home site and homing of adult yellowtail rockfish, Sebastes flavidus, J. Fish. Res. Board Can., 29, 1011-1014 (1972).
6) M. S. Love, M. Yoklavich, and L. Thorsteinson (eds.) : The rockfishes of the Northeast Pacific. University of California Press. Berkeley, Los Angels and London, 2002.
7) K. R. Matthews: A telemetric study of the home ranges and homing routes of copper and quillback rockfishes on shallow rocky reefs, Can. J. Zool., 68, 2243-2250 (1990).
8) K. Numachi: Electrophoretic Variants of catalase in the black rockfish, Sebastes inermis, Nippon Suisan Gakkaishi, 37, 1177-1181 (1971).
9) A. Shinomiya, and A. Ezaki: Mating habits of the rockfish Sebastes inermis, Env. Bio. Fish., 30, 15-22 (1991).
10) H. Mitamura, N. Arai, W. Sakamoto, Y. Mitsunaga, T. Maruo, Y. Mukai, K. Nakamura, M. Sasaki, and Y. Yoneda: Evidence of homing of black rockfish Sebastes inermis using biotelemetry, Fish. Sci., 68, 1189-1196 (2002).
11) E. S. Reese: Orientation behavior of butterflyfishes (family Chaetodontidae) on coral reefs: spatial learning of route specific landmarks and cognitive maps, Env. Biol. Fish., 25, 79-86 (1989).
12) J. J. Dodson: The nature and role of learning in the orientation and migratory behavior of fishes, Env. Biol. Fish., 23, 161-182 (1988).
13) E. Harada: A contribution to the biology of the black rockfish Sebastes inermis, Publ. Seto Mar. Biol. Lab., 5, 307-361 (1962).
14) K. Utagawa, and T. Taniuchi: Age and growth of the black rockfish Sebastes inermis in eastern Sagami bay off Miura peninsula, central Japan, Fish. Sci., 65, 73-78 (1999).
15) H. Mitamura, N. Arai, W. Sakamoto, Y. Mitsunaga, H. Tanaka, Y. Mukai, K. Nakamura, M. Sasaki, and Y. Yoneda: Role of olfaction and vision in homing behaviour of black rockfish Sebastes inermis, J. Exp. Mar. Biol. Ecol., 322, 123-134 (2005).
16) C. D. Fred: Cognitive Ecology. (Ed. by D. Reuven) The University of Chicago Press. Chicago and London, 1998, pp.201-260.
17) K. B. Doving, and O. B. Stabell: Sensory processing of the aquatic environments. (Ed. by S. P. Collin, N. J. Marshall) Springer-Verlag. New York, Inc, 2003, pp. 39-52.
18) K. J. Lohmann, and C. M. F. Lohmann:

Detection of magnetic field intensity by sea turtles, *Nature*, 380, 59-61 (1996).

19) M. M. Walker, C. E. Diebel., C. V. Haugh, P. M. Pankhurst, J. C. Montgomery, and C. R. Green: Structure and function of the vertebrate magnetic sense, Nature, 390, 371-376 (1997).

20) 西　隆昭・川村軍蔵：メバルの磁気感覚, 日水誌, 72, 27-33 (2006).

2. 月周産卵魚カンモンハタの産卵関連行動

征矢野　清[*1]・中村　將[*2]

　魚類の繁殖様式は極めて多様であり，その性成熟過程も変化に富んでいる．これまで多くの研究者が繁殖様式の異なる様々な魚種を対象として，生殖現象や性成熟過程の解明に取り組んできた．その結果，生殖腺および配偶子の形態変化やこれらの発達を統御する内分泌変化，また，性成熟と関連した遺伝子の発現などが明らかになりつつある．このような生殖生理学的知見の詳細は，いくつかの総説・解説を参照されたい[1,2]．しかし残念ながら，天然のフィールドにおける魚類の生態的特徴と生殖腺発達における生理変化を関連付けて研究した例は意外と少ない．自然界において，魚類の配偶子形成は水温・日長・光周期・月周期など様々な環境の影響を強く受ける[3,4]．また，最終成熟から産卵に至る一連の成熟現象は，これらの環境要因に加え，個体群の密度や好適環境への移動などの生態的特性や産卵場の形状や水流などの物理的特性の影響を受けると考えられる．したがって，魚類の性成熟過程を理解するためには，生殖腺の分化や発達に関わる生理学的・内分泌学的変化を，このような環境変化や生態学的・行動学的変化と関連付けて明らかにすることが必要である．

　魚類の行動解析には，近年，バイオテレメトリー技術が積極的に利用されるようになった[5-8]．また，このような技術を利用して解析された行動を，様々な生理変化と関連づけて解釈しようとする研究も進められている[9,10]．生殖腺の発達や産卵に関わる生理変化を成熟産卵関連行動と結びつけて理解する上でも，バイオテレメトリー技術は極めて有効な手法である．筆者らはこれまで月周期と関連したカンモンハタの生殖腺発達および産卵現象の解明を進めてきたが，本種は月周産卵を行うだけではなく，それに先立ち満月大潮後に産卵場へ移動することがわかった[11]．そこで，バイオテレメトリーを用いた本種の産卵行動解析とそれに伴う行動生理学的研究を開始した．ここではこれまでに得ら

[*1] 長崎大学環東シナ海海洋環境資源研究センター
[*2] 琉球大学熱帯生物圏研究センター

れた本種の生殖生理学的知見と，バイオテレメトリーを用いた行動解析の結果について紹介する．

§1. カンモンハタの生殖腺発達と産卵

カンモンハタ（*Epinephelus merra*）は亜熱帯から熱帯の珊瑚礁域に生息する小型のハタ科魚類である．本種は比較的水深の浅い沿岸域の珊瑚礁や岩の隙間などを生息場所として好む．また，他のハタ科魚類と同様に雌性先熟の性転換魚であり，雄はなわばりをもつと考えられる．しかし，その詳細な生態は明らかにされていない．

本種は春先の水温上昇に伴い生殖腺の発達を開始し，沖縄県では4～7月に産卵を行う．2001年以降数年にわたり沖縄県北部の瀬底島（国頭郡本部町）くんり浜（瀬底ビーチ）の珊瑚礁池内で捕獲した個体の生殖腺発達を調べたところ，5月に入ると生殖腺の急激な発達が見られ，それに伴い生殖腺体指数（GSI：体重に占める生殖腺重量の割合，（生殖腺重量／体重）×100）が増加することがわかった．2001年5～6月にかけてくんり浜において捕獲したカンモンハタのGSIの変化を図2・1に示す．GSIは5月上旬の満月以降緩やかに増加し，6月上旬の満月大潮時に最も高い値を示した．その後，それは急減した．このようなGSIの変化は2002年と2003年に実施した実験においても観察され，満月後に減少したGSIは翌月の満月に向けて再び増加することがわかった．実験期間中に捕獲した個体の生殖腺の発達状態を組織学的に観察したところ，5月初旬の生殖腺は未熟な周辺仁期や卵黄胞期の卵母細胞で満たされ

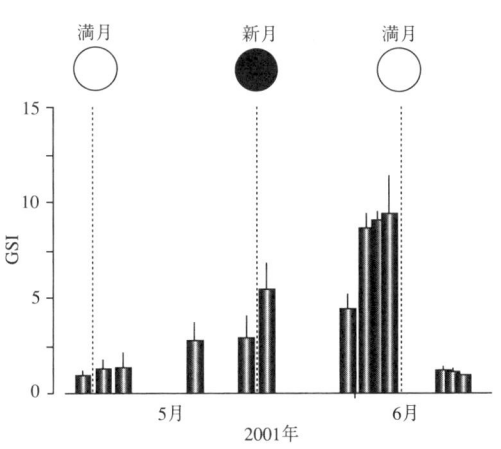

図2・1 産卵期におけるカンモンハタのGSIの変化．2001年5月から6月にかけての瀬底島くんり浜の珊瑚礁池内で捕獲したカンモンハタのGSIの変化．

ており、卵黄の蓄積は開始されていなかった．その後，GSIの増加した5月下旬には卵黄形成期の卵母細胞が出現し，6月上旬の満月直前には卵黄蓄積を完了した第三次卵黄球期の卵母細胞が卵巣を満たした．満月大潮後に珊瑚礁池内で捕獲された個体の卵巣は，未熟な周辺仁期と卵黄胞期の卵母細胞のみを有していた．これらの結果から，雌個体における卵黄形成（卵黄蓄積）は約1ヶ月で完了し，満月大潮後に産卵することがわかった．同様の実験を数年にわたり繰り返し実施したところ，瀬底島くんり浜に生息するカンモンハタは早い年では5月下旬，一般には6月の満月大潮後にその年最初の産卵を行うことが明らかとなった．このように本種の成熟および産卵は明瞭な月周性をもつ．

しかし，瀬底島くんり浜の珊瑚礁池内で実施したこの調査において，卵黄形成完了後に見られる最終成熟期の卵母細胞および排卵した卵をもつ個体は1尾も捕獲されなかった．一般に卵黄形成を完了した卵母細胞は受精可能な卵となるために最終成熟を起こす．これは卵母細胞の核（卵核胞）が動物局側への移動することとそれが崩壊する現象である[12]．その後，卵母細胞はそれを取り囲む卵濾胞細胞層から離脱し卵巣腔あるいは体腔へ貯留される（排卵）．ハタ科魚類では卵黄形成終了後，約36～48時間で最終成熟から排卵に至る一連の現象を完了する[13]．その後，雄と雌がペアを組み産卵を行う[14, 15]．このような産卵直前の生理変化は生息地である珊瑚礁池内では行われていない．

§2．カンモンハタの生殖関連行動
2・1　珊瑚礁池内におけるカンモンハタの目視観察

瀬底島珊瑚礁池内で産卵直前の個体および産卵中の個体が観察されなかったことから，満月大潮後のこの期間，本種は珊瑚礁池外へ移動していると予測し，珊瑚礁池内に存在する成熟個体の目視観察を産卵期間中毎日行った．この観察では珊瑚礁池内の決まったエリアをスキンダイビングにより巡回し，1時間当たりに目視できた成熟個体の尾数を記録した．その結果，目視できた個体数に違いはあるものの，6月上旬の満月2日後には目視個体数は減少し，3日後から5日後まで1尾の成熟個体も目視できなかった（図2・2）．また，7月の満月大潮後にもほぼ同様の期間，珊瑚礁池内の成熟個体は減少した．これらは，本種が産卵のために珊瑚礁池外へ移動し，産卵を行っていることを示唆している．

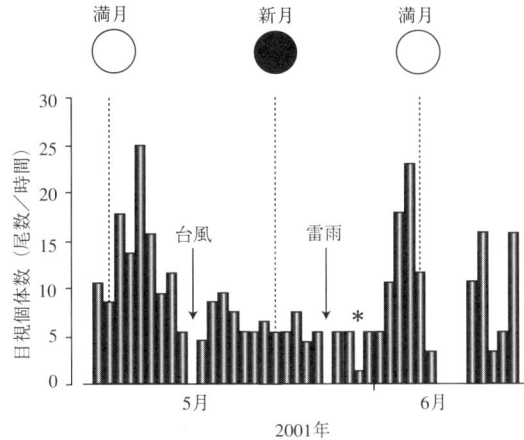

図2・2 瀬底島くんり浜におけるカンモンハタの目視個体数.
2001年5月から6月にかけての瀬底島くんり浜の珊瑚礁池内でスキンダイビングにより実施したカンモンハタ成熟個体の目視観察結果. 目視個体数は1時間当たりの尾数. 矢印は台風および雷雨により目視を実行できなかった日. ＊は海流などの影響で珊瑚礁池内の条件が悪く十分な目視ができなかった日.

最終成熟および排卵は，珊瑚礁池外への移動中あるいは産卵場において起きていると考えられる．このような本種の産卵直前の生理変化と産卵の特徴を明らかにするためには，産卵場へ移動中の個体および産卵場に滞在する個体の捕獲と，そこにおける生殖行動の観察が必要である．そこで，バイオテレメトリー技法を用い，本種の産卵場への移動経路の解析と産卵場の特定を試みた．

2・2 バイオテレメトリーによる行動解析

本実験にはベムコ社（カナダ）製の発信器（コード化ピンガー：V8SC-6L-R256 coded pinger）と，これより発信される超音波検出のための受信機（VR2レシーバー）を用いた．満月前に成熟可能なサイズのカンモンハタを瀬底島くんり浜において捕獲し，その腹腔内に小型のコード化ピンガーを埋め込んだ（図2・3）．発信器の埋め込みに際し，麻酔を施したカンモンハタの腹部後方側面に内蔵を傷つけないようにメスで1cm程度の切り込みを入れ，これに70％エタノールにて消毒した発信機を挿入した．その後，手術用縫合糸を用いて傷口を縫合するとともに，外科用アロンアルファにより傷口を接着した．

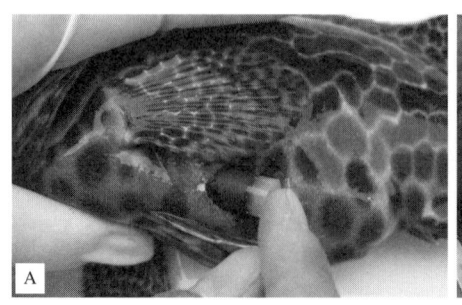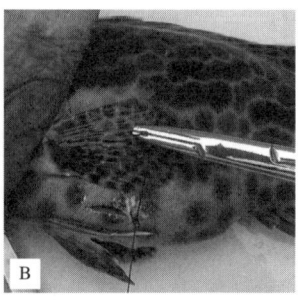

図2·3 コード化ピンガーの腹腔内への埋め込み．
カンモンハタの腹腔内にベムコ社製V8SCタイプのコード化ピンガーを埋め込み（A），挿入後，手術用縫合糸を用いて完全に傷口を塞いだ（B）．

さらに抗生物質を塗布して傷口を保護し，この個体を捕獲した場所に放流した．受信機はくんり浜の珊瑚礁池内に4ヶ所，この珊瑚礁池に形成されているリーフエッジの外に4ヶ所設置した（図2·4）．珊瑚礁池内は水深が浅く干潮時には数十cmとなることから，干潮時に干出しない所を設置場所とした．また珊瑚礁池内には障害物となる珊瑚や岩石などが多く存在する．超音波を受診できる範囲は，障害物のない外洋と比べ極めて狭く50～100 m程度である．そこで設置間隔は約50 mとした．珊瑚礁池外の設置場所はリーフエッジから100～200 m沖に200 m間隔で4本設置した．

満月大潮から約10日後に受信機を回収し，記録されているデータの解析を行った．その結果，満月あるいはその直後まで珊瑚礁池内にいた個体は，その後珊瑚礁池外に移動し，数日間そこに留まった後，再び珊瑚礁池内に回帰することが明らかとなった（図2·5）．こ

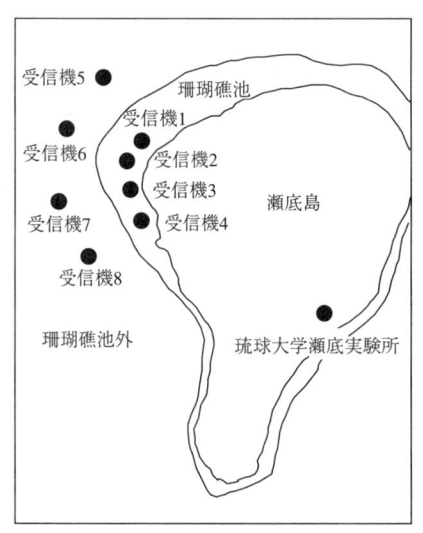

図2·4 受信機の設置場所
瀬底島くんり浜の珊瑚礁池内と礁池外に各4本の受信機を設置．

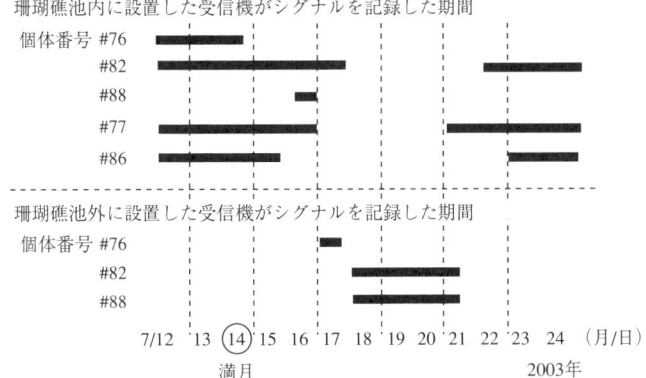

図2・5 コード化ピンガーを埋め込んだカンモンハタからの超音波受信記録.
バイオテレメトリー手法を用いた行動観察は，2003年に瀬底島で実施した．個体番号は使用したコード化ピンガーのID番号．黒線はシグナルが記録されている期間を示す．

の移動期間は目視観察により珊瑚礁池内の個体が減少した時期と一致する．しかし，珊瑚礁池外に出た個体は受信機の感受範囲内（半径約400 m）に出現するものの，産卵が行われる深夜に集中して出現するといった行動は示さなかった．これまでの追跡では，産卵場の特定に至るようなデータは得られていない．産卵場の特定および移動経路の解明は今後の課題であるが，これまでにハタ科魚類の産卵関連行動を記録した例はなく，バイオテレメトリーを用いることにより貴重な情報を得ることができた．

§3. 満月大潮後の産卵確認

瀬底島くんり浜の珊瑚礁池に生息するカンモンハタは満月大潮後に珊瑚礁池外へ移動することが明らかとなったが，産卵および産卵

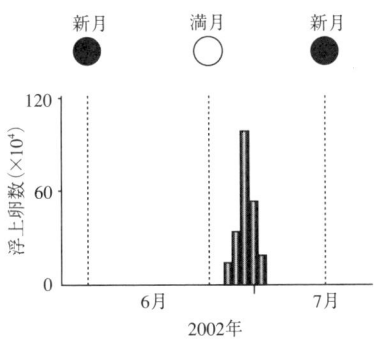

図2・6 水槽内において産卵したカンモンハタの浮上卵数．
60 t水槽に雌22尾，雄5尾を収容し，自然産卵させて得られた浮上卵数．産卵は深夜に行われることから，卵の回収および計測は産卵の翌朝実施した．したがって，産卵は浮上卵が得られた前日の夜から始まる．

行動の確認は行われていない．そこで，瀬底島の珊瑚礁池において産卵前に捕獲した個体を水槽内に収容し，満月大潮後に産卵するか否かを実験的に確かめた．60 t の大型水槽に雌個体を 22 尾，雄個体を 5 尾収容し産卵の有無を観察した．産卵はおおむね夜 10 時以降に行われることから，浮上卵の回収と計測は翌朝行った．この実験では，満月後の 3 日目の朝に浮上卵が回収されたことから，満月 2 日後の夜から数日間にわたり産卵することが確認された（図2・6）．この水槽内における産卵時期は，瀬底島において観察された本種の珊瑚礁池外への移動時期と一致する．

§4. 月周リズムを生み出すメカニズム

　海洋生物の生殖腺発達や産卵は，潮汐の振幅の変化（干満差）と関係していることが多い[16]．約 14.8 日ごとに訪れる大潮あるいは小潮に依存した周期性を半月周期と呼ぶが，ヒザラガイ[17]やアカテガニ[18]，魚類ではクサフグ[19]などがこの周期と同調した幼生放出や産卵を行う．このような半月周期をもつ生物は，主に潮汐変化とそれに伴う様々な環境変化，月光照度変化，日の出日の入り時刻の変化などの影響を受けると考えられる[16]．しかし，カンモンハタの卵黄形成から最終成熟・排卵・産卵までの一連の生殖現象，さらには満月大潮後の産卵場への移動を含む産卵関連行動は，満月と新月の両方に反応する半月周リズムではなく，満月の大潮と関係した月周リズムをもつ．このように満月ごとまたは新月ごとに繰り返される月周産卵，あるいはそれと同様の 29.5 日間隔の月周産卵を行う魚類としては，同じハタ科魚のヤイトハタ[20]やスジアラ[21]，アイゴ類のアミアイゴ[22]やゴマアイゴ[23]などが知られている．しかし，これらの魚種は本種とは異なり新月と同調した産卵を行う．おそらく産卵に向けた生理変化を誘起するための環境とその感受能は，魚類によって異なっているのであろう．しかし，月周リズムを生み出す生理機構には共通性が存在するはずである．月周リズムが月光照度の変化によって生み出されるとするならば，光感受器官である松果体を経由してこの変化を体内情報へと転換する可能性がある．体内で生じた月周リズムは，さらに視床下部－脳下垂体系に伝達され生殖腺刺激ホルモンとその刺激により生殖腺で産生される性ステロイドを介して，生殖腺の発達と成熟を促すのであろう．産卵行動もまた脳下垂体より分泌され

る甲状腺刺激ホルモンなどを介して惹起されると考えられる．

§5．バイオテレメトリーを用いた行動生理学的研究の必要性

　月周リズムの発生には月光照度の変化以外にも様々な環境変化が関与していると考えられる．たとえば，干満の差やそれに伴う水深や振動の変化なども月周リズムを生み出す重要な要因となる[16]．これらの情報をどの器官が感受し，どのような情報伝達系を経由して脳に伝えるのかを解明することは，月周リズムにより調節を受ける様々な生理変化の理解につながる．そのためには，まず実験系を用いて月周性の発生原因となる環境要因を探ることから始めなければならない．月光照度，潮汐，振動などを人為的にコントロールし，生体内で誘発される生理変化を確認すれば，月周リズムを生む主要因は明らかになるであろう．ただし，得られた情報を天然個体に置き換えて，同様の変化が生ずるか否かの検証を行う必要がある．カンモンハタのように月周期と同調した成熟・産卵が行動と密接に関係しているような生物では，天然個体の生理状態を実験系で得られた情報と比較することは容易ではない．バイオテレメトリー技術は，このような天然海域における行動生理学的研究を遂行するための手法として極めて有効である．また，近年，その開発が著しいデータロガーも，魚類の生息環境を把握する上で欠くことのできないツールとして注目されている．今後，カンモンハタだけではなく，天然水域における生物の生理現象を正しく理解するためにも，バイオテレメトリー技術をおおいに活用すべきである．

文　献

1) 小林牧人・足立伸次：生殖，魚類生理学の基礎（会田勝美編），恒星社厚生閣，155-184（2002）．
2) 長濱嘉孝・東藤　孝：配偶子形成に関わる遺伝子，魚類のDNA分子遺伝学的アプローチ（青木　宙ほか編），恒星社厚生閣，350-378（1997）．
3) 朝比奈潔：生殖周期とその調節，水族繁殖学（隆島史夫・羽生　功編），緑書房，103-131（1989）．
4) 羽生　功：生殖周期，魚類生理学（板沢靖男・羽生　功編），恒星社厚生閣，287-325（1991）．
5) J. D. Metcalfe, B. H. Holford and G. P. Arnold: Orientation of plaice (*Pleuronectes platessa*) in the open sea: evidence for use of external directional clues, *Mar. Biol.*, 117, 559-566 (1993).
6) R. Kawabe, Y. Naito, K. Sato, K. Miyashita and N. Yamashita: Direct measurement of the swimming speed, tailbeat, and body angle of Japanese

flounder (*Paralichthys olivaceus*), *J. Mar. Sci.*, 61, 1080-1087 (2004).

7) M. L. Acolas, M. L. Begout Anras, V. Veron, H. Jourdan, M. R. Sabatie and J. L. Bagliniere: An assessment of the upstream migration and reproductive behaviour of allis shad (Alosa alosa L.) using acoustic tracking, *J. Mar. Sci.*, 61, 1291-1304 (2004).

8) M.J.S. Windle and G.A. Rose: Migration route familiarity and homing of transplanted Atlantic cod (*Gadus morhua*), *Fish. Res.*, 75, 193-199 (2005).

9) H. Ueda and T. Shoji: Physiological mechanisms of homing migration in salmon, *Fish. Sci.*, 68, Sup. I., 53-56 (2002).

10) H. Mitamura, N. Arai, W. Sakamoto, Y. Mitsunaga, H. Tanaka, Y. Mukai, K. Nakamura, M. Sasaki and Y. Yoneda: Role of olfaction and vision in homing behaviour of black rockfish *Sebastes inermis*, *J. Exp. Mar. Biol. Ecol.*, 322, 123-134 (2005).

11) K. Soyano, T. Masumoto, H. Tanaka, M. Takushima and M. Nakamura: Lunar-related spawning in honeycomb grouper, *Epinephelus merra*, *Fish Physiol. Biochem.*, 28, 447-448.

12) 長濱嘉孝：生殖：配偶子形成の制御機構, 魚類生理学（板沢靖男・羽生 功編）, 恒星社厚生閣, 243-286 (1991).

13) Ni Lar Shein, H. Chuda, T. Arakawa, K. Mizuno and K. Soyano: Ovarian development and final oocyte maturation in cultured sevenband grouper *Epinephelus septemfasciatus*, *Fish. Sci.*, 70, 360-365 (2004).

14) T. J. Donaldson: Pair spawning of *Cephalopholis boenack* (Serranidae), *Jpn. J. Ichthyol.*, 35, 497-500 (1989).

15) S. Okumura, K. Okamoto, R. Oomori and A. Nakazono: Spawning behavior and artificial fertilization in captive reared red spotted grouper, *Epinephelus akaara*. *Aquaculture*, 206, 165-173 (2002).

16) 富岡憲治・沼田英治・井上慎一：時間生物学の基礎, 裳華房, 2003, 234pp.

17) E. Yoshioka: Spawning periodicities coinciding with semidiurnal tidal rhythms in the chiton *Acanthopleura japonica*, *Mar. Biol.*, 98, 381-385 (1988).

18) M. Saigusa: Entrainment of a semilunar rhythm by a simulated moonlight cycle in the terrestrial crab *Sesarma haematocheir*, *Oecologia*, 46, 38-44 (1980).

19) K. Yamahira: Hatching success affects the timing of spawning by the intertidally spawning puffer *Takihugu niphobles*, *Mar. Ecol. Prog. Ser.*, 155, 239-248 (1997).

20) 大嶋洋行・仲盛 淳・勝俣亜生・仲本光男・伊禮父日：ヤイトハタの親魚養成と産卵, 平成12年度沖縄水試事業報告, 167-169 (2002).

21) 照屋和久・升間主計・本藤 靖：水槽内でのスジアラの産卵および産卵行動, 栽培技研, 21, 15-20 (1992).

22) A.P. Harahap, A.Takemura, S.Nakamura, M.S. Rahaman and K.Takano: Histological evidence of lunar-synchronized ovarian development and spawning in the spiny rabbitfish *Siganus spinus* (Linnaeus) around the Ryukyus, *Fish. Sci.*, 67, 888-893 (2001).

23) M. S. Rahaman, A. Takemura and K. Takano: Correlation between plasma steroid hormones and vitellogenin profiles and lunar periodicity in the female golden rabbitfish, *Siganus guttatus* (Bloch), *Comp. Biochem. Physiol.*, 127B, 113-122 (2000).

3. 加速度データロガーによるシロザケの繁殖行動解析

津　田　裕　一*

　シロザケ Oncorhynchus keta を含むサケ科魚類の繁殖行動は比較的河川の浅いところで行われることもあり，海産魚類と比べて直接観察が容易なことから，昔から数多くの研究がおこなわれてきた．しかし，比較的に直接観察が容易な河川内でのその繁殖行動も，夜間や濁水の状況下では一変して観察することは非常に難しくなる．さらに，その繁殖行動は数週間にわたって水中で繰り広げられることから，野外で目視やビデオカメラなどの直接観察で行動を連続的に記録し続けるには限界がある．そのため，サケ科魚類の繁殖研究は，主に実験水路などの閉鎖的環境下でおこなわれてきた．シロザケは，1回繁殖の遡河性魚類であり，母川回帰中に摂餌を止めて，生まれた川に遡上して繁殖をおこない生涯を終える．このことは，シロザケは繁殖期間の様々な自然環境の変化に対応しながら，限られたエネルギーと時間の中で繁殖を達成しなければならないことを意味する．したがって，環境変化とそれに対応した行動との量的な関係は，シロザケの産卵成功を評価するうえで非常に重要な意味をもつ．

　近年，直接観察の難しい水生動物の生態を明らかにするために，バイオテレメトリー手法が導入されるようになってから久しい．そのデバイスの1つとして，データロガーが用いられている．データロガーとは，様々なセンサーが搭載された小型記録計であり，対象生物に直接装着することで，長期間にわたって対象生物の遊泳深度，経験水温，遊泳速度など各種データをファインスケールで連続的に取得できる．これら各種のデータを組み合わせることで多元的な視点から環境と行動の関係を量的に把握することが可能となってきた[1]．また，行動を直接測定するセンサーとして，加速度センサーが注目されデータロガーに搭載された（以下，加速度データロガー）．加速度データロガーの特徴は，装着動物の"動き"に伴う運動加速度と対象生物の姿勢変化に伴う重力加速度を同時に数ミリ秒単位で連続的に記録できる点にある．つまり，記録された加速

---

* 北海道大学大学院水産科学研究院

度値の変化から対象動物の"動き"を特定することで，経験している水深や水温などの環境情報に加えて，対象動物が「何をしているのか？」という行動情報を同時に得ることが可能となってきた．加速度データロガーは水生動物を中心に潜水遊泳行動の研究を中心に数多く行われてきたが，加速度値によってあらわされる"動き"の特徴から，遊泳以外の様々な行動を記録するイベントレコーダーとしての役割にも注目が集まっている[2-4]．

本稿では，シロザケの繁殖期における行動を，加速度データロガーの記録から識別する方法を説明するとともに，直接観察が非常に困難な河川増・濁水時の行動記録から，環境変化がシロザケの産卵成功にどのような影響を及ぼすか検討した．

§1．シロザケの繁殖行動

繁殖期のシロザケの行動様式を簡単に説明すると，母川に回帰したシロザケは「遊泳（swimming）」と休息を繰り返しながら上流の産卵場所を目指す．産卵場近くまで到達すると，雄は潜在的な産卵適地の周辺を確保しながら雌の到着を待つ．雌は広範囲にわたって吻端を川底に向け，時には接触させて温度・匂い・流況から産卵場所を識別する行動である「産卵場所の詮索（nosing）」と「試し掘り（exploratory digging）」を繰り返して産卵場所を選ぶ．産卵可能な場所が決まると，本格的に「穴掘り（nest digging）」を繰り返して産卵床を形成する．産卵床はコーン型の窪地で，雌はこの窪地に産卵巣を形成してその中へ卵を産む．雌が産卵床を形成している間，雄は雌の獲得のために他の雄と競争しながら，雌に放卵を促すように魚体を震わしてアプローチする（求愛行動（quivering））．雌は産卵巣の深さを「探査（probing）」しながら掘り進め，最適な深さにまで掘れると産卵巣に尾部をおろし，雄と同期して産卵が行われる（雄：放精（sperm release），雌：放卵（oviposition））．産卵後，雌はすぐに放卵場所から少し上流で「穴埋め（covering digging）」を繰り返して産卵巣を埋める．穴埋めは30～40分ほど行われ，穴埋めによって上流にできた窪地を使って，再び穴掘りを繰り返すことによって次の産卵巣を形成する．シロザケの雌は通常1～3個の産卵床を形成し，それぞれに2～4個の産卵巣を連続的に形成して放卵する．すべての卵を放出すると雌は産卵床付近に留まり，

「巣の保全（post-spawning digging）」のための穴掘りを繰り返すことで産卵床の状態を保ちながら，他の雌から産卵場所を守り，次第に体力を消耗して斃死にいたる．

§2. 加速度データロガーによる行動のカテゴライズ

2001年10～11月，2002年9～11月に北海道渡島半島の南西部に位置する原木川（全長8 km）で，自然環境下におけるシロザケの繁殖行動の連続記録を行った．原木川におけるシロザケの産卵場所は河口から上流約1 kmまでの間に点在する．原木川では河口からシロザケの産卵場所までの距離が短いため，原木川に回帰するシロザケには遡上と明確に呼べるものがほとんどなく，雌は完成熟で河川へ入り，数日以内で最初の産卵を行う個体が多い．遡上後1日以内の完成熟しているシロザケ（雄4個体，雌5個体）に加速度データロガーを装着して放流した．放流後，約1週間にわたりビデオカメラによる観察記録を行った後，再捕獲して加速度データロガーを回収した．

筆者が使用している加速度データロガーは，長さ11 cm，直径2 cmの円筒形で，速度，深度，2軸方向の加速度，温度の5つのセンサーが搭載されており，各センサーはそれぞれの値を1/32秒から数分の間隔で約120時間記録できる．シロザケに装着した場合，2軸方向の加速度センサーでは左右方向への運動加速度と左右方向の傾きに伴う重力加速度，前後方向への運動加速度と上下方向の傾きに伴う重力加速度をそれぞれ同時に記録する（図3・1）．

2・1 加速度による行動のカテゴライズ方法

加速度データロガーを用いた実験では，その特性から目視による観察が困難な動物を用いて行われることが多い．そのため，加速度データロガーの記録と対象動物の実際の行動とを対応させることは困難である．そこで，閉鎖的環境下で対象動物を活動させ，加速度データロガーの記録と対象動物の行動との関係を明らかにしておかなければならない．本研究では，実際に加速度データロガーを装着した個体の自然環境下での行動を，ビデオカメラで記録することで加速度記録と行動との整合性を高めた．

ビデオカメラの画像記録からシロザケの行動を識別して加速度記録と同期させた．シロザケの各行動は4つの姿勢変化（通常姿勢，左右へ傾いた姿勢，頭

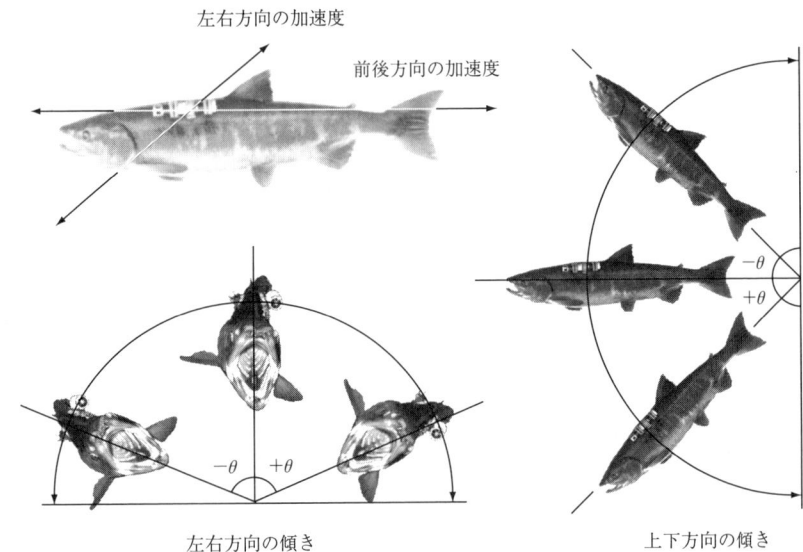

図3・1 加速度データロガーで記録される2方向の加速度

を下に向けた姿勢，頭を上に向けた姿勢）をもっており，その姿勢変化は加速度記録上で特徴的な波形記録として表われる．まず，姿勢変化を明確にするために，運動加速度と姿勢変化に伴う重力加速度成分を分離した．画像記録と加速度記録を同期させて，姿勢変化を行っている期間の加速度波形を抽出し，魚体の姿勢変化に対応させて周波数解析を行った．加速度センサーに記録された加速度値の0.8 Hz以下の低周波数成分（基線）がシロザケの姿勢を主に示し，0.8 Hz以上の中・高周波成分がシロザケの姿勢変化以外の運動を示した．それぞれの姿勢変化は，通常姿勢は左右方向の加速度の基線が0 m／秒^{2}の場合，左右へ傾いた姿勢は左右方向の加速度の基線が上昇・下降した場合，頭を下に向けた姿勢は前後・上下方向の加速度の基線が上昇した場合，頭を上に向けた姿勢は前後・上下方向の加速度の基線が下降する場合を示した．各行動を姿勢別に分類すると下記となる．

　　　通常姿勢：遊泳，求愛行動（雄）
　　　左右へ傾いた姿勢：掘り行動（試し掘り，穴掘り，穴埋め，巣の保全）
　　　頭を下に向けた姿勢：産卵場所の詮索

頭を上に向けた姿勢：巣の探査，放卵，放精

姿勢変化によって4つに分類された各行動は，さらに運動に伴う加速度記録の波形特徴（中・高周波数成分）によって分類された（表3・1，図3・2）．

表3・1 各行動の特徴と加速度波形による分類方法

行　動	行動の特徴	姿　勢	加速度波形の特徴
遊　泳	尾鰭の振動	通常姿勢	前後（上下）方向・左右方向の加速度の基線が0 m/秒^2，周期的な振動波形
試し掘り・穴掘り・穴埋め・巣の保全	左右どちらかに傾き尾鰭を振動	左右へ傾いた姿勢	左右方向の加速度の基線が上昇・下降周期的な振動波形
産卵場所の詮索	数秒間，頭部を下げる	頭を下げた姿勢	前後（上下）方向の加速度の基線が数秒間上昇
巣の探査	尾部を下げ，すぐに戻す	頭を上げた姿勢	前後（上下）方向の加速度の基線が下降・上昇，V型の波形
放　卵	数秒間，尾部を下げる	頭を上げた姿勢	左右方向の加速度の基線が数秒間下降
求愛行動	魚体の振動	通常姿勢	前後（上下）方向・左右方向の加速度の基線が0 m/秒^2，高周波な振動波形
放　精	数秒間，尾部を下げる魚体の振動	頭を上げた姿勢	前後（上下）方向の加速度の基線が下降左右方向の加速度に周期的な振動波形

試し掘り（exploratory digging），穴掘り（nest digging），穴埋め（covering digging），巣の保全（post-spawning digging）の4つの掘り行動は同様の行動特徴をもつため，姿勢変化を基にした加速度波形の特徴では分類することができなかった．そこで，掘り行動が行われる時期と，掘り行動中の尾鰭の振動によって表される加速度記録の周期的な振動変化からそれぞれを分類した[5, 6]．本格的に産卵床を掘り始めて産卵巣が形成されるとともに巣の探査が見られることから，巣の探査の出現までの掘り行動を試し掘りとした．巣の探査行動の出現後から放卵までの間の掘り行動を穴掘りとした．穴埋めの開始は放卵を境にし，放卵後の掘り行動を穴埋めとした．穴埋めから次の産卵巣形成のための穴掘りへの移行時間は，掘り行動の10分間当たりの頻度と掘り行動中の尾鰭の振動数，尾鰭の最大振幅から判断して30分とした（図3・3，3・4）．また，最後の穴埋めの終了からの掘り行動を巣の保全のためのものとした．これら4種類の掘り行動は，掘り行動中の尾鰭の振動数，最大振幅および平均持続時間

36

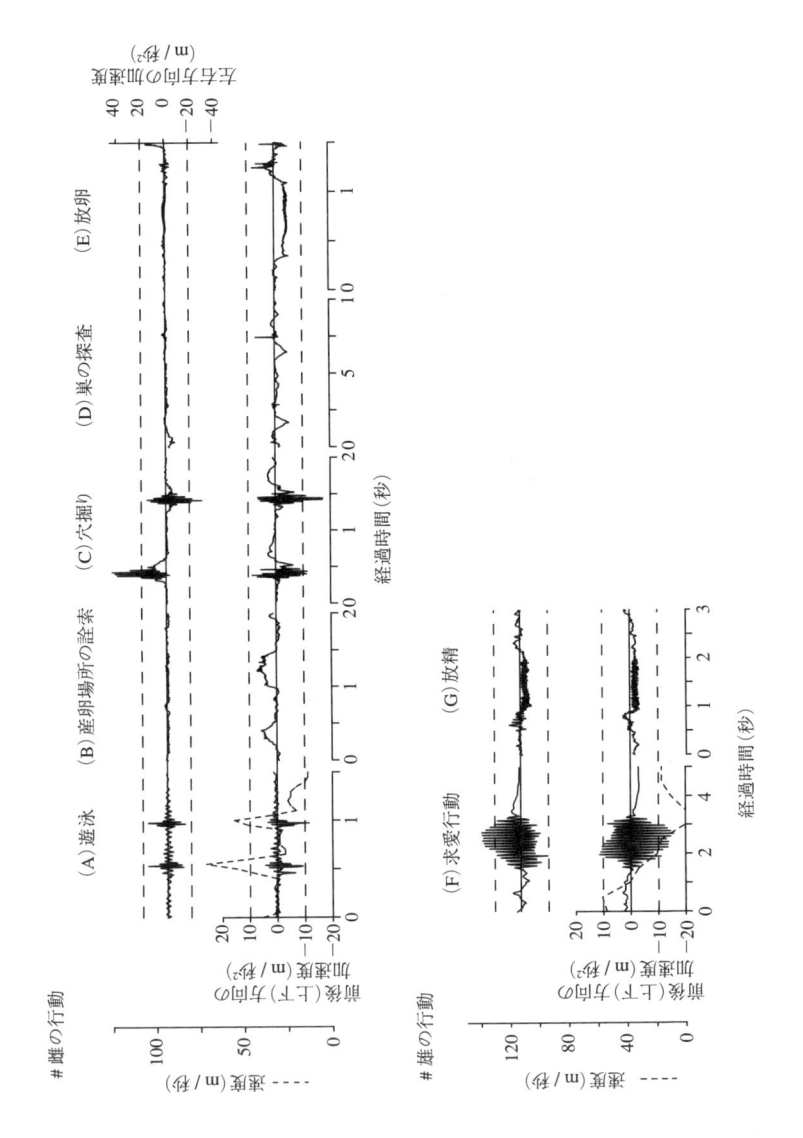

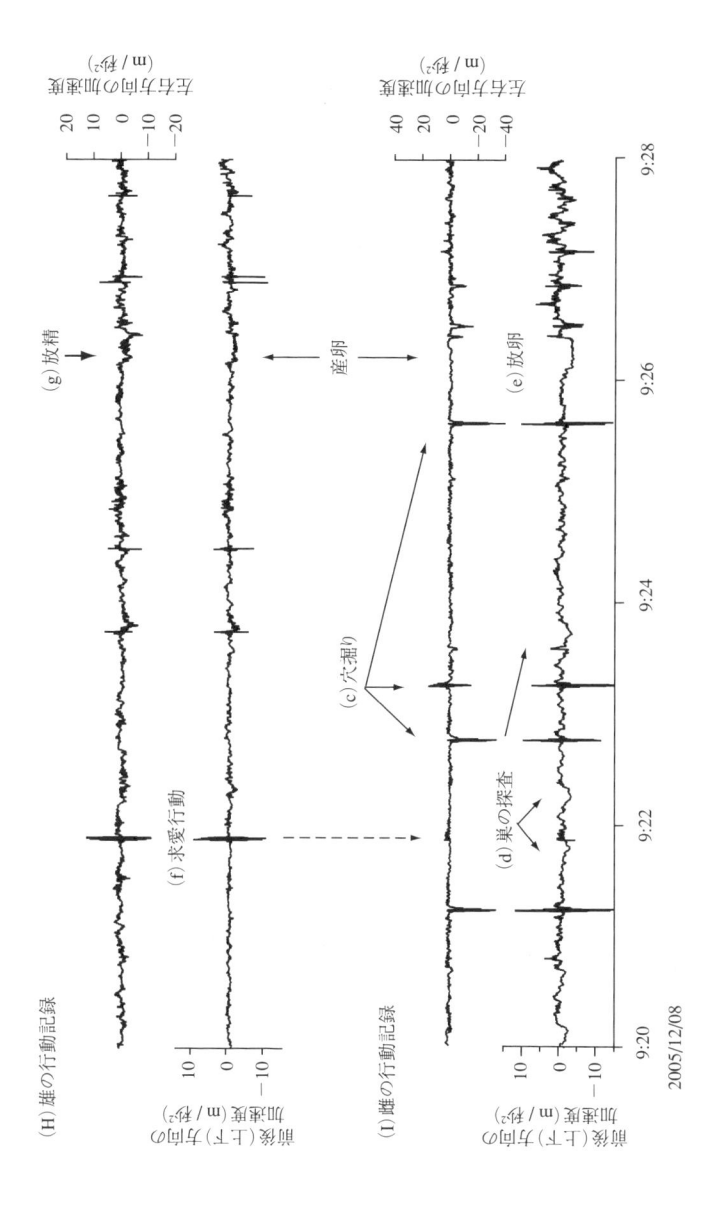

3. 加速度データロガーによるシロザケの繁殖行動解析　37

図3-2　加速度値によってカテゴライズされたシロザケの行動．(H) と (I) は実験池内で産卵同期した雌雄個体の加速度記録．

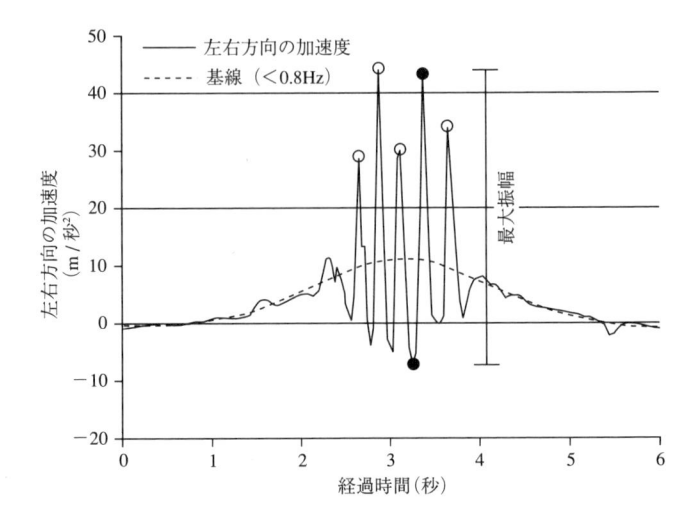

図3・3 堀り行動（穴掘り）の加速度波形の拡大図．波形の山側ピーク1回を1回の尾鰭の振動回数として計測，山側と谷側のピーク間の振幅の最大を最大振幅とした．

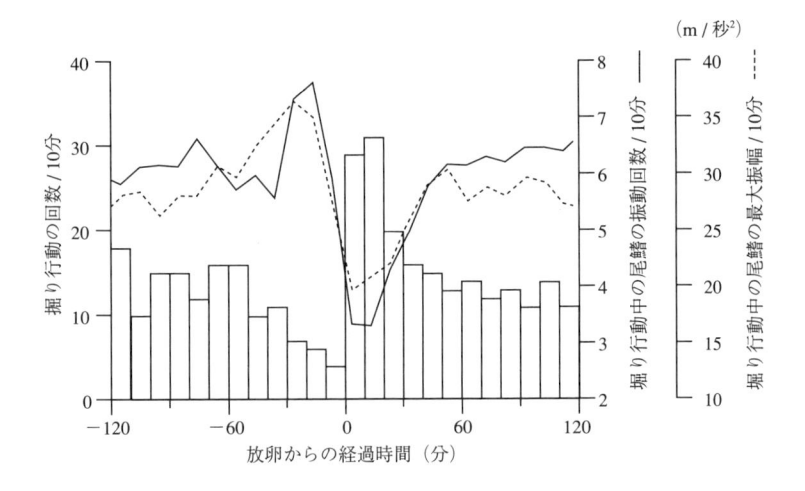

図3・4 放卵前後の堀り行動の変化．雌は放卵後の約30分にわたって卵を埋める．この間できるだけ早く埋めようとするため尾鰭の振動回数は減少させて，単位時間当たりのdiggingの回数を増加させる．また，穴掘りよりも穴埋めの方が尾鰭の最大振幅が小さい．

においてすべて異なるものであった（$p < 0.0001$）．

§3．雌雄間の行動連鎖

各行動の詳細と繁殖時における雌雄間の連鎖行動を記録するために，2005年12月に北海道大学七飯淡水実験所の実験池で加速度データロガーによる行動記録を行った．図3・2H，図3・2Iは，実験池で加速度データロガー装着個体がつがいになって産卵をおこなった時の雄，雌それぞれの行動記録である．雄の雌への産卵を促す求愛行動が雌の加速度データロガーに記録されている（波線↓）．産卵の瞬間では，雌の放卵を示す波形にわずかに遅れて雄の放精の波形が表れている．これは，産卵の時を決めるのは雌であることから，雌が先に尾鰭を産卵巣に下ろし，この姿勢に誘発されて雄が遅れて寄り添う形で，産卵同期がおこなわれることを示している．このように，加速度記録による行動のカテゴライズ化によって，同一時系列上で連続的につがいの行動を把握することも可能である．データロガーでは，個体レベルでの行動記録しか記録できないことや，個体の位置情報を記録することはできないため個体間の相互関係を見ることができないという欠点がある．しかし，繁殖時のシロザケのように行動様式が決まっており，比較的狭い範囲内で行動をモニタリングする場合では，加速度データロガーを装着した各個体の正確な行動時間から，個体間の相互関係を見ることが可能だろう．さらに，これらのカテゴライズが可能であった行動はサケ科魚類の繁殖の際に共通して見られるものであり[7]，カテゴライズ方法は他のサケ科魚類においても適用可能である．

§4．河川環境変化がシロザケの行動へ及ぼす影響

河川環境の変化によってシロザケの産卵行動がどのように変化するのかを明らかにするため，原木川の状態が通常時と増・濁水時に記録された雌の行動を比較した．2001年の実験期間中の産卵環境は，水深約30 cm，流速約20〜30 cmであった（図3・5A：通常時）．2002年の実験期間中は，10月1日から2日にかけて北海道を横断した台風21号の影響により雨が降り，原木川が位置する渡島地方での総降雨量は85 mmを記録し，産卵環境での水深は80 cmを超えた．原木川はこの集中豪雨によって増水し濁流となった（図3・5B：増・濁水

時).比較にはそれぞれ放流後24時間後から144時間までの120時間の記録を用いた.

A. 河川通常時　　　　　　　　　B. 河川増・濁水時

図3・5　(A) 通常時と (B) 増・濁水時の原木川

　通常時の雌は,記録期間中に遊泳行動を除く産卵行動を数千回に及んで行っていた(表3・2).また,各行動の頻度を時系列に並べてみるとその行動の移行を見ることができる.図3・6はそれぞれ放流後24時間から132時間における10分ごとの各行動の頻度を時系列に並べたものである.通常時では雌は数日間にわたり産卵場所の詮索と試し掘りを繰り返して産卵場所を探し,図3・6Aで示すように,産卵場所が見つかると約3時間程度で産卵床を形成して,放流後2.5日で最初の放卵を行っていたことがわかる.その後,約2日間で計6回の放卵を行っていた.また,その放卵のうち,4回が夜間から早朝に行われた.行動の時間配分を見てみると,産卵場所の選択(産卵場所の詮索と試し掘り)に最も多くの時間を費やし,次に産卵床の形成に多くの時間を費やしていた(図3・7A).

表3・2　記録期間中の行動の回数

Fish No.	行動の回数						
	産卵場所の詮索	試し掘り	穴掘り	巣の探査	放卵	穴埋め	巣の保全
N1	2,672	240	2,670	1,085	11	551	645
N2	1,710	859	1,761	1,208	9	518	527
T1	1,461	322	0	0	0	0	0
T2	383	802	0	0	0	0	0

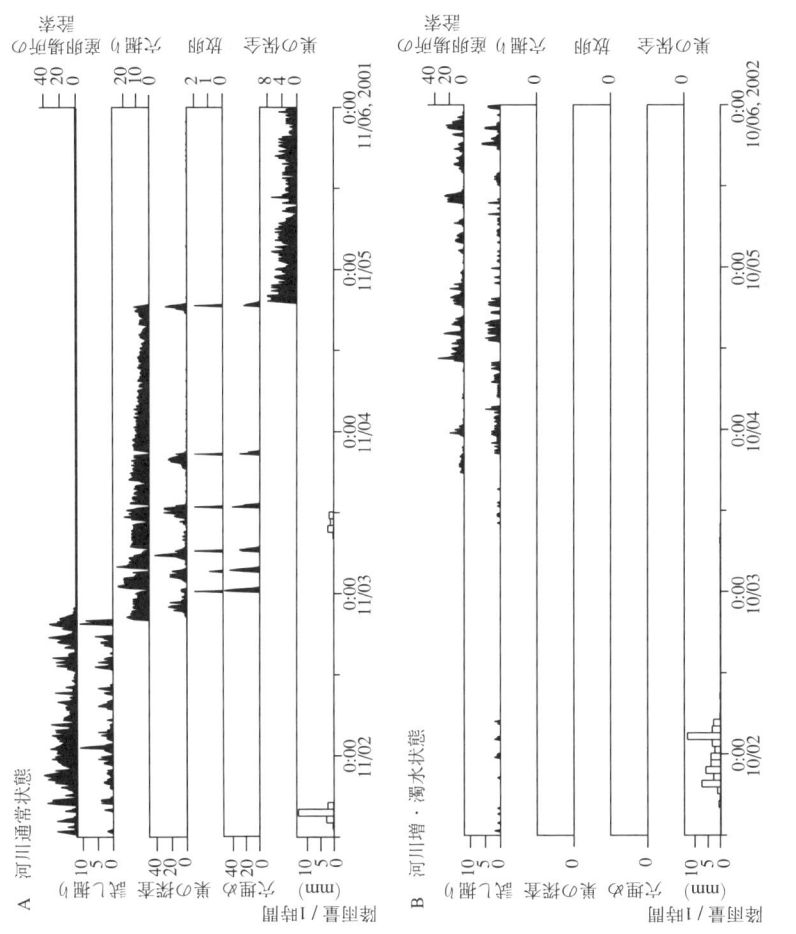

3. 加速度データロガーによるシロザケの繁殖行動解析　*41*

図3・6　通常時と増・濁水時における雌の行動の移行．10分ごとにおける各行動の回数．

```
      A  通常時 2001年                              B  増・濁水時 2002年
```

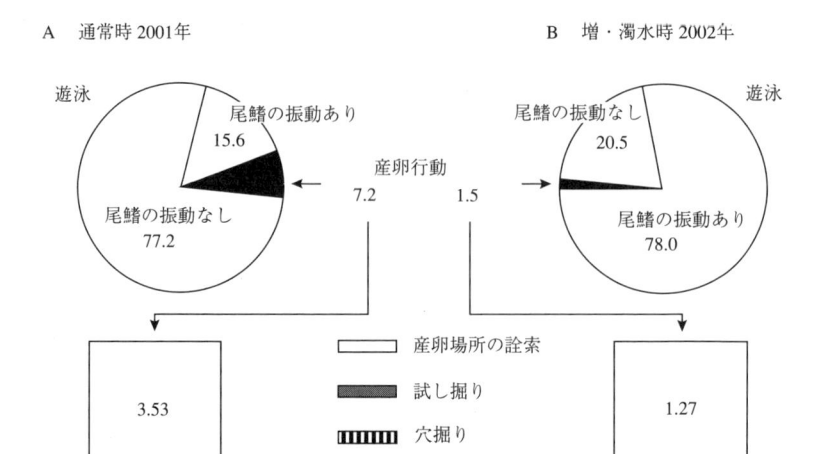

図3・7 通常時と増・濁水時における雌の行動時間配分（％）

　増・濁水時の雌の記録では，記録期間中に放卵が1度も記録されず，産卵場所の選択（産卵場所の詮索と試し掘り）のみが10月3日の午後から断続的に記録されていることがわかる（図3・6B）．つまり，この雌は，産卵可能な状態（排卵後）にあったにもかかわらず，増・濁水によって産卵場所の選択が遅らされた．また，図3・7Bで示すように，増水時の雌は，記録期間のほとんどの期間を，増水による流れに対抗するための尾鰭を振動させる遊泳に行動が制限されていた．つまり，増・濁水時の個体は，すでに放卵できる状態にあったにもかかわらず，増・濁水の影響で行動が強制的に遊泳に限定され，記録期間中の約1週間で産卵場所を見つけることも放卵することもできなかった．Gaudemar and Beall [8] はタイセイヨウサケ *Salmo salar* において，排卵後から産卵までの日数が増加するにつれて卵の致死率，奇形率，不受精率は増加し，排卵から1週間以上経過すると放卵されずに残る卵数が増加すると報告している．つまり，増・濁水時の雌は，増水や濁水によって行動を遊泳に限定され，

産卵行動が遅らされたことから通常時に比べて産卵成功は低下していたと考えられる.

さらに, Gaudemar & Beall [8] は, 産卵が遅れて過熟卵をもったタイセイヨウサケの雌は, 産卵相手とは関係なく, より早く卵を放出するようになるとも報告している. つまり, 雌は自身の最適な産卵時期を内的状態から認識しており, 産卵成功を保つために環境に応じて行動を変化させていることを示唆している. しかし, 本研究では, このような環境変化や生理状態の変化に対応した行動への意思決定を明らかにすることはできなかった. 増・濁水後に, 産卵が遅れた雌が産卵成功を保つためにどのように行動を変化させるのかを明らかにするために, より長期間にわたり行動をモニタリングする必要があるだろう.

本稿で述べてきたように, 加速度データロガーは, 直接観察が難しい環境での対象動物の"動き"を加速度値として数値化し連続記録できることにある. この"動き"とは, 生物の様々な行動に付随するものであり, 視覚的に分類可能である. 行動と定義可能な"動き"であれば加速度データによってカテゴライズ可能であろう. したがって, 本研究で示した加速度データロガーによる行動のモニタリング手法は, 魚類のみならず様々な生物において応用可能であり, その生態研究において非常に有効な手法である.

文　献

1) 内藤靖彦: 海洋動物研究の新しいアプローチ, 科学, 845, 16-17 (2003).
2) K. Yoda, Y. Naito, K. Sato, A. Takahashi, J.Nishikawa, Y.Ropert-Coudert, M. Kurita, and Y. Le Maho: A new technique for monitoring behaviour of free-ranging Adelie penguins, J. Exp. Biol., 204, 685-690 (2001).
3) Y.Ropert-Coudert, D.Gremillet, A.Kato, P.G.Ryan, Y.Naito, and Y.Le Maho: A fine-scale time budget of Cap gannets provides in sights into the foraging strategies of coastal seabirds, Anim. Behav., 67, 985-992 (2004).
4) S. Watanabe, M. Izawa, A. Kato, Y. Ropert-Coudert, and Y. Naito: A new technique for monitoring the detailed behaviour of terrestrial animals: a case study with domestic cat, Appl. Anim. Behav. Sci., 94, 117-131 (2005).
5) S.L. Schroder: The role of sexual selection in determining the overall mating patterns and mate choice in chum salmon., Doctoral thesis, University of Washington, 1981, 274 pp.
6) A.F.Tautz and C.Gro ot: Spawning behaviour of chum salmon (Oncorhynchus keta) and rainbow trout (Salmo gairdneri), J. Fish. Res. Can. 32, 633-642 (1975).
7) I.A. Fleming: Pattern and variability in

the breeding system of Atlantic salmon (Salmo salar), with comparisons to other salmonids, *Can. J. Fish. Aquat. Sci.*, 55, 59-76 (1998).

8) B.De Gaudemar and E.Beall: Effects of overripening on spawning behaviour and reproductive success of Atlantic salmon females spawning in controlled flow channel, *J. Fish Biol.*, 53, 434-446 (1998).

4. バイオロギングによる
クロマグロの行動生態研究の現状

北 川 貴 士*

　データロガーとは内部ICメモリーに水温，塩分，圧力，照度などの環境情報，体温，心拍数，心・筋電位などの生理情報を記録する装置のことで，これを対象動物に取り付けることにより，遠隔地の受信局を必要とすることなく，記録された情報を得ることができる．そしてこの手法は近年ではバイオロギングと呼ばれている．1965年にアザラシにはじめて適用されて以来データロガーの開発が進み[1]，1990年代に入って，魚類にも適用されるようになってきた．ただし，データロガーは超音波発信器による追跡に比べ，長期間にわたってデータを取得できるようにはなったが，水平的な位置情報を得ることが困難であったため，水産学上重要な魚類の季節的な回遊状況の把握という点においては，さらなる技術革新が求められていた．こういった状況のなかでアーカイバルタグが登場し，これにより生物の位置する経緯度の推定が可能になり，生物個体の水平移動の状況を1日単位で把握できるようになった．現在ではマグロ類をはじめとする長距離回遊魚の水平移動を把握する手法の主流になりつつある．本稿では，データロガーの1種であるアーカイバルタグを用いた東シナ海におけるクロマグロの回遊・行動生態の研究事例などを紹介し，今後の展望，特に当海域での環境モニタリングシステムへの応用可能性について述べてみたい．

§1. アーカイバルタグ（Archival Tag）

　旧バージョンのタグ（NMTタグ）の本体は，長さ10 cm，直径16 mmのステンレス製のシリンダーで覆われており，その一端に長さ15 cm，直径2 mmのケーブルがつながっている（図4・1）．ケーブルの先端は水温と照度のセンサーになっており，本体に温度と圧力のセンサーがついている．タグ本体を魚の腹腔内に装着することが多いので，本体の温度センサーにより腹腔内の温度

* 東京大学海洋研究所

が計測できる．計測は128秒に1回行い（1日で675データ），最大で80日間，54,000の時系列データの記録が可能である．メモリー容量（256-k Byte）の問題から，記録が80日以上に及んだ場合，データは読み出し時まで最新のものに上書きされる．なお，計測を256秒にした場合は160日間のデータの記録が可能である．さらに，世界共通時間（UTC）を記録する時計が内蔵されており，1日1回，日出，日没時刻から毎日の緯・経度（位置データ）を推定することができる．同時にその日の海表面，水深61 m（200 ft），122 m（400 ft）の水温も記録される．この位置と水温のデータは全期間にわたって記録される．蓄積されたデータは，専用装置を介してパソコンで読み出される．電池の寿命は約7年である．現在のタグは写真に示したようなカナダ LOTEK 社製のLTD2310で，基本構造はNMTタグと同じだが，長さ76mm（空中重量45g，水中重量30 g）とより小型化されている（図4・1）．ケーブルの長さもユーザによる調整が可能である．性能も飛躍的に進歩し，計測間隔も4から5100秒の間で自由に設定でき，（8-M Byte），133万の時系列データの記録が可能である．また，電池の寿命も10年以上に延びている．

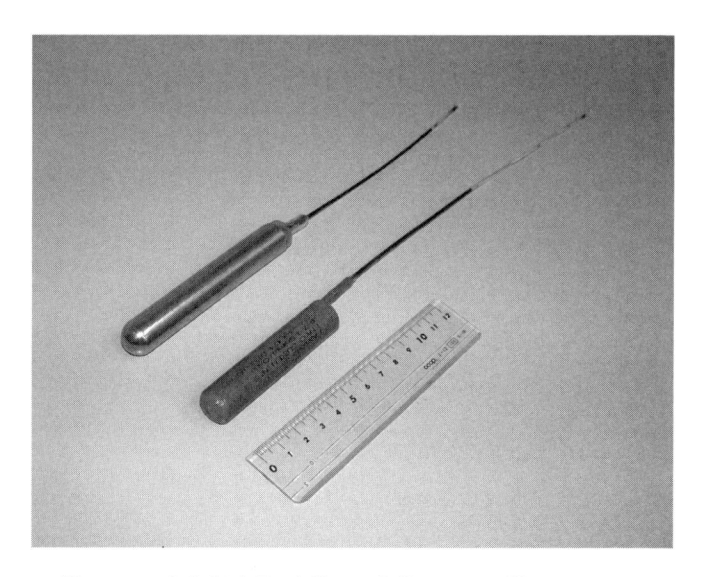

図4・1　アーカイバルタグ．上がNMTタグver.1.1，下がLOTEK2310．

§2. 経度・緯度推定原理と主な推定誤差要因

水中下における動物の経緯度推定方法の発明は非常に画期的なものであったが，推定原理それ自体はきわめてシンプルなものである．以下に簡単に説明する．図4・2aは地球を表しており，そして右に太陽があると想定しよう．線Aが日出没時刻にあたる．ただし，この線は地軸が傾いているので子午線と一致していない．図4・2bはそれから約12時間経過したものである．線A上にあった位置は地球自転により約180度回転した位置にあり，この時の日出没時刻はB線にあたる．そして線A，Bの交点に当たる位置が図4・2aから12時間後にそれぞれ日出没をむかえる唯一の位置となる（実際には2点あり，この図では表側の1点のみ表示されている）．つまり，日出没時刻がわかればその日の経度を，日長時間から緯度を推定できる[2, 3]．

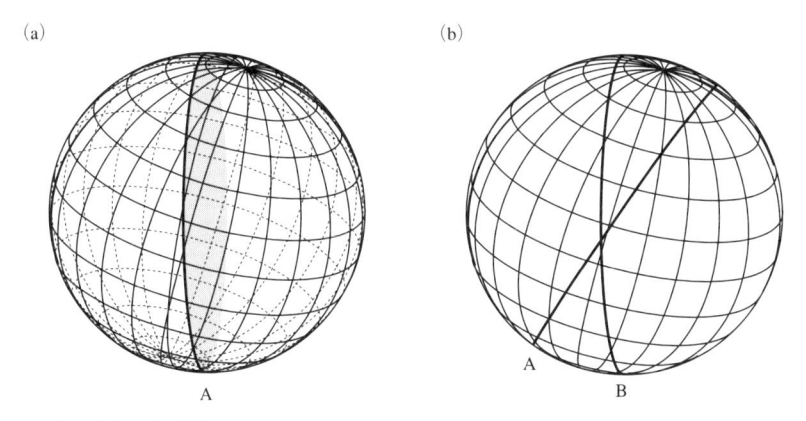

図4・2 (a) 地球の模式図．線Aは昼夜を分ける線，日出没時刻にあたる．(b) 地球の (a) より約12時間後の状態．線Bが日没時刻にあたる．両線の交点が，この時刻において線A上の点で日出没をむかえる点にあたる．この図では実際には2点あるうちの表側の1点のみ表示されている．

しかし，実際の推定には誤差が生じる．この推定誤差に影響を及ぼす要因は大きくわけて2つある．1つは天文学上の問題で，春分・秋分の時期近くになると，誤差は大きくなる．この時期の地球と太陽との関係は図4・3のようになり，線Aと子午線が一致してしまうため，どの緯度においても日長が等しくなる．ただ，日出没時刻前後での照度変化は緯度によって異なるため，この違いも考慮にいれて緯度は推定される．もう1つの要因は，日出没時刻の推定の不

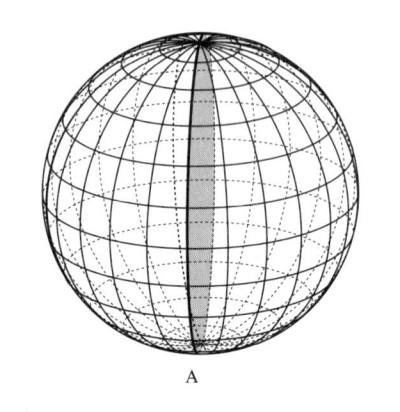

図4・3 春分・秋分の地球の模式図. 線Aは子午線と一致している.

正確さからくるものである. 時刻の推定が正確でなければ, それに基づき推定された経緯度も当然誤差を含む. 1分の測定誤差は経度で0.25度の誤差につながる. そのため, タグに精度の高い照度センサーと正確な時を刻む時計が使用されている. それでも対象生物によっては日出没時に深い潜行を行うために, センサーが照度を検出できず, 経緯度の推定は非常に困難になることがある. 逆にトラフグでは照度を検出できなかったことが, 潜砂行動の発見に繋がった[4].

推定原理上, 生物の1日のうちで昼間の移動を考慮することも不可能である. つまり生物はある位置に留まっているものとして1日単位で経緯度は推定される. しかし, 実際生物は日出と日没の間で場所を移動していることが多い. これはいわば原理の矛盾からくる誤差である. そのほか, 大気圧や気温の変化による光の屈折から生じる推定時刻のずれ, 推定時刻から経緯度を割り出すアルゴリズムによって生じる誤差なども考えられる. 以上の要因すべてをそれぞれ細かく評価した例は皆無だが, 好条件が整ったとしても, 経緯度の精度はそれぞれ1度程度だといわれている[3]. そのため, 実際は同時に測定されている海表面の水温データを衛星画像情報と照合し, 場合によっては1日のうちの移動可能範囲も考慮にいれて経緯度の補正を行っている[5-7].

§3. クロマグロの回遊状況の例

3・1 東シナ海におけるクロマグロの分布

東シナ海はクロマグロ未成魚の越冬海域として知られ, そこから日本海から津軽海峡, 五島列島近海から薩南海域, 宗谷海峡を経て太平洋側に移動し, 沖合へと分布を拡大する. 水産総合センター遠洋水産研究所では, 対馬沖で漁獲されたクロマグロ未成魚にアーカイバルタグを装着し, 1995年から1997年の

11〜12月に合計166個体（尾叉長43〜78 cm）放流した．推定された経緯度情報，人工衛星画像，定線観測情報をもとに，本種の東シナ海での分布の経年的な違いに及ぼす海洋構造の影響について検討した例を以下に示す．

1月から2月にかけて，どの年も基本的には対馬，済州島，五島列島に囲まれた海域に個体は分布していたが，黒潮フロント域まで南下するものもあった．特に全体的に水温の比較的低い1996年は南下傾向にあった（図4・4）．3月から4月に黒潮の勢力が強くなるにつれ，対馬暖流の勢力も増す傾向にあり，そ

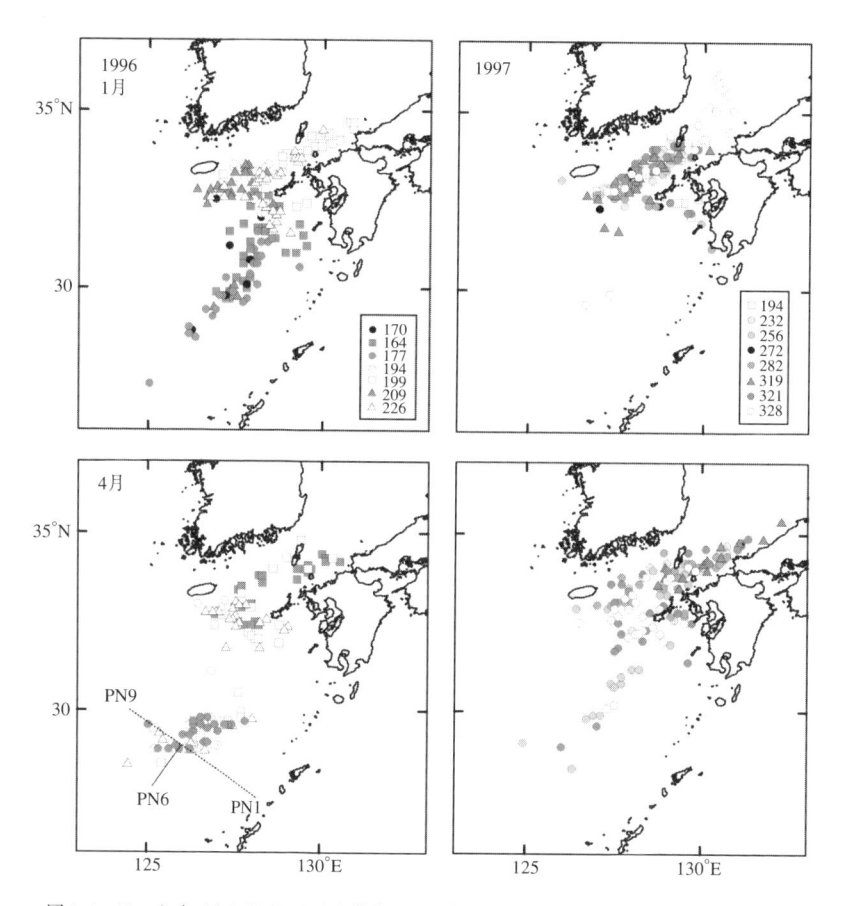

図4・4　アーカイバルタグデータより推定された東シナ海におけるクロマグロの分布・移動状況．（左）1996年（右）1997年（上）1月（下）4月．点線は長崎海洋気象台による定線観測線（PNライン）を示す．数字は個体番号．

れに伴い前月に黒潮フロント域にまで南下した個体も対馬，済州島，五島列島に囲まれた海域にまで北上し，そこで6月末まで滞留した．

しかし1996年は，クロマグロの適水温よりも高い約25℃の黒潮系暖水が五島沿岸まで張り出してきており，五島と黒潮フロント域の間に貫入していた．これにより，前月から黒潮フロント域にいたクロマグロは北上を妨げられた．5月に入ってもこの暖水の張り出しは維持されたため，数個体は黒潮フロント域に留り続けた．そのうち1個体は北上が遅れ，結局，日本海へ回遊することなく周年東シナ海に留まった．

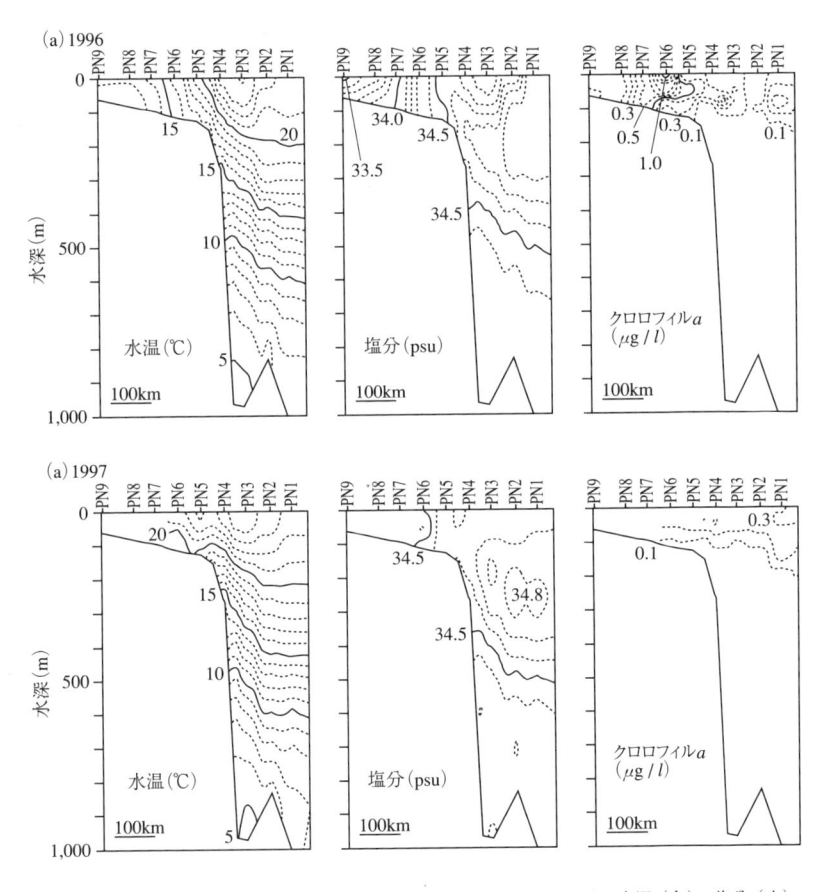

図4・5　1996年（上図），および1997年（下図）のPNラインにおける水温（左），塩分（中）クロロフィル（右）の鉛直プロファイル．

長崎海洋気象台の定線観測調査（PNライン）によると（図4・5, Kitagawa et al., in press), 1996, 1998年は中国沿岸から34.0 psu以下の長江起源と思われる低塩分水が流入してきており，それに伴いクロマグロの滞留していた黒潮フロント付近で高い一次生産が認められた（図4・5b）．特に1996年では，クロマグロの滞留したフロント域は彼らにとって適度な水温環境であったうえ，餌生物もこの海域に多く集積したのかもしれない．このように，アーカイバルタグと人工衛星画像によるリモートセンシングを利用することで，黒潮の勢力の経年的な変化やそれがもたらすクロマグロの生息環境の変化が東シナ海での分布や回遊のタイミングに大きな影響を及ぼしていることを具体的に捉えることができる．

3・2 渡洋回遊

東シナ海から太平洋に回遊した個体の一部は中部太平洋域に留まるものの[8]，一部は東部太平洋（米国，メキシコ西岸沖）まで回遊することが漁獲情報より明らかになっている．これを渡洋回遊という．どういう経路を利用して，どれくらいの時間をかけて渡洋しているのかについて，近年アーカイバルタグのデータ解析によりその実態が明らかになってきた．

1996年11月に対馬沖で放流した個体（尾叉長55 cm）は，翌年5月初めに九州南端を超えて，四国，本州の南岸に沿って移動し，5月中旬に房総沖に達した．その後，三陸沖から道東沖に移動したが，11月中旬に渡洋回遊を開始した．この個体は約2ヶ月で太平洋を渡りきり，1998年1月中旬にカリフォルニア沖に到達した．その間の移動速度は100 km/日以上であった．8月の再捕時の尾叉長は88 cmであった[5]．

米国スタンフォード大学，B. Block教授のグループは，2000年以降，毎年バハ・カリフォルニア沖でアーカイバルタグを装着したクロマグロを精力的に行っている．図4・6は，2002年11月に放流されたうちの1個体（尾叉長110 cmの未成熟個体）の回遊状況である．この個体は翌年1月にカリフォルニア沿岸を離れ，亜熱帯フロント域に沿って渡洋回遊を行った[9]．途中，天皇海山やシャツキーライズで数ヶ月滞留したが，その後，津軽海峡より日本海に入り，9月に同海域で再捕された．上述の西部から東部への経路と異なるところが興味深い．また，クロマグロは成熟を迎えると産卵のために西部太平洋に戻ると

考えられていたが，成熟しないまま西部太平洋に戻ったり，西部に戻った未成熟個体が再び東部に渡洋回遊したりしていることもわかってきた（Block 私信）．

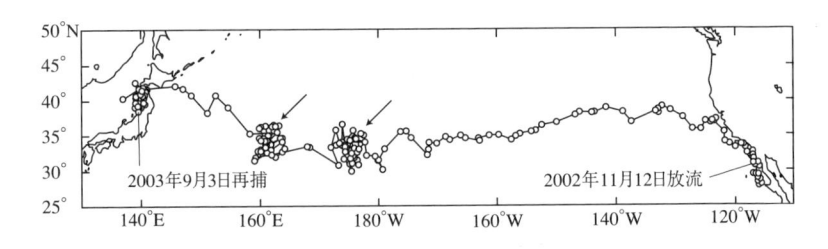

図4・6 渡洋回遊個体の推定移動状況[8]．右矢印は天皇海山，左矢印はシャツキーライズ付近の海域を占める．

§4. 鉛直遊泳行動とそれに及ぼす鉛直水温構造の影響

東シナ海での鉛直遊泳行動の詳細は他の文献[10-12]を参照していただき，ここでは簡単に説明する．混合層が厚くなる冬季は，クロマグロは遊泳水深を下層まで分散させており，夜間は表層，昼間はより深い水深を遊泳することで，遊泳深度を日周的に変化させていた．一方，夏季になると，表層付近に水温躍層が形成され，昼間躍層を超える短時間の移動が約1時間の周期で見られたが，遊泳水深の頻度を見ると，クロマグロは1日の大半を水温躍層より浅いごく表層で過ごしていた．また，水深 50 m 以深への1回当たりの潜行時間も短くなった[10]．

簡単な数理モデルを用いて，夏季のクロマグロ未成魚の体温（ここでは腹腔内温度）の保持機構について検討した結果[13]，いったん体温が下がると環境水温と同じレベルに回復するのに長い時間を要することがわかった．そのため，基本的には表層混合層にいることで，体温を奪われないように行動的体温調節を行っており，躍層下へ進入するときは，体温への影響が小さい短時間の鉛直移動を行うことで体温低下を防いでいるのである．最近では鉛直移動の周期性が体温保持につながることや（Kitagawa et al. submitted），体サイズの大きい個体ほど保持能力は増すことが示されている[14]．

水温躍層を超えた鉛直移動の目的に関し，Kitagawa et al.[15] は日中に鉛直移

動に対応して腹腔内温度が急激に低下し，その後徐々に上昇している個所が数ヶ所あることを見出している．飼育実験において，給餌の際にこのような腹腔内温度の低下を確認していることから[16, 17]，この温度低下は，摂餌の際，冷たい餌や海水を飲み込むことによって生じ，その後の上昇は消化や代謝による発熱により生じたものと考えられる．この腹腔内温度の変化は日中頻繁に生じていることから，昼間の水温躍層を超えた鉛直移動は，索餌活動であると推察される[14]．このようにタグで測定される物理量にもとづいて，物理的・生物的環境やそれに対する魚類の応答行動を具体的・定量的に把握することができる．

§5. 今後の展望：バイオロギングのモニタリングシステムへの応用

わが国の水産業は，国連海洋法条約の批准により本格的な200海里時代を迎え，漁獲可能量割当を核とする水産資源の新たな保存・管理体制を構築することは，各沿岸国の環境・資源・人間の共存が保証される持続的な漁業生産システムを実現していくための最重要課題である．しかし，東シナ海・黄海は中国・韓国など複数の沿岸国に囲まれており，排他的経済水域の境界画定が困難なため，共同管理水域を設定するなど変則的な海域となっている．また，この海域は大陸からの栄養塩の供給を強く受け，高い生産力を有する一方，人間活動による地球温暖化や環境負荷の問題が懸念されるなど複雑かつ変動性に富む海洋環境でもある．そのうえ，クロマグロをはじめとする多くの重要水産資源も境界を超えて広く分布・回遊しているため，新たな漁業生産システム確立のためには，海洋生態系の包括的なモニタリング研究を発展させることが極めて重要であるといえる．

アーカイバルタグをはじめとするデータロガーは，調査船による観測が不可能な時期や境界を超えた海域の海洋情報を，動物自身が捉えわれわれに提供してくれるものである．これにより，生息環境と生態情報を3次元的に同時に捉えることができる．近年ではクロロフィル計測やカメラなどの機能を搭載した記録計も開発され，大型生物に装着できるまでになっている．今後はより一層高機能・マイクロ化されたデータロガーを，TAC重要魚種（Total Allowable Catch）のような比較的小型の生物へも適用し，それらとそれらの生息する環境をモニタリングする技術に応用していくことが求められるかもしれない．特

に，魚は集群するため，魚群や個体群の動きとして評価することも課題としてあげられる．得られた情報についても，集群機構や回遊を含めた生物の行動プロセスは，基本的に外部環境と内的な生理状態との相互作用として理解されるため，環境・生物の生理状態・行動の相互連鎖の仕組みとして精査していくことが極めて重要となってくるだろう[18]．

文献

1) 内藤靖彦：マイクロデータロガーの現状，月刊海洋, 29, 137-141 (1997).
2) R. D. Hill: Theory of geolocation by light levels, in "Elephant seals, population ecology, behavior and physiology" (ed. by B. J. LeBoeuf and R. M. Laws), Univ. California Press, 1994, pp227-236.
3) R. D. Hill and M. J. Braun: Geolocation by light level. The next step: latitude, in "Electronic tagging and tracking in marine fishes" (ed. by J. R. Sibert and J. L. Nielsen), Kluwer Academic Publisher, 2001, pp315-330.
4) H. Nakajima, and A. Nitta: Notes about the ecology of Ocellate Puffer, *Takifugu rubripes*, using archival taggs in "Electronic tagging and tracking in marine fishes" (ed. by J. R. Sibert and J. L. Nielsen), Kluwer Academic Publisher, 2001, pp279-288.
5) T. Itoh, S. Tsuji, and A. Nitta: Migration patterns of young Pacific bluefin tuna (*Thunnus orientalis*) determined with archival tags, *Fish. Bull.*, 101, 514-534 (2003).
6) S. L. H. Teo, A. Boustany, S. Blackwell, A. Walli, K. C. Weng, and B. A. Block: Validation of geolocation estimates based on light level and sea surface temperature from electronic tags, *Mar. Ecol. Prog. Ser.*, 283, 81-98 (2004).
7) M. L. Domeier, D. Kiefer, N. Nasby-Lucas, A. Wagschal, and F. O'Brien. Tracking Pacific bluefin tuna (*Thunnus thynnus orientalis*) in the northeastern Pacific with an automated algorithm that estimates latitude by matching sea-surface-temperature data from satellites with temperature data from tags on fish, *Fish. Bull. US*, 103, 292-306 (2005).
8) D. Inagake, H. Yamada, K. Segawa, K. Okazaki, A. Nitta, and T. Itoh: Migration of young bluefin tuna, *Thunnus orientalis* Temminck et Schlegel, through archival tagging experiments and its relation with oceanographic condition in the Western North Pacific, *Bull. Nat. Res. Inst. Far Seas Fish.*, 38, 53-81 (2001).
9) B. A. Block: Physiological ecology in the 21st Century: Advancements in biologging Science, *Integ. Comp. Biol.*, 45, 305-320 (2005).
10) T.Kitagawa, H.Nakata, S.Kimura, T.Itoh, S. Tsuji, and A. Nitta Effect of ambient temperature on the vertical distribution and movement of Pacific bluefin tuna (*Thunnus thynnus orientalis*), *Mar. Ecol. Prog. Ser.*, 206, 251-260 (2000).
11) 北川貴士：クロマグロの遊泳行動とそれに及ぼす海洋要因，海流と生物資源（杉本隆成編著），成山堂，2004, pp224-236.
12) 北川貴士：マグロ類の遊泳と回遊，海洋生命系のダイナミクス・シリーズ第4巻，海の生物資源－生命は海でどう変動している

か―（渡邊良朗編）東海大学出版，2005，pp37-53.
13) T. Kitagawa, H. Nakata, S. Kimura, and S. Tsuji: Thermoconservation mechanism inferred from peritoneal cavity temperature recorded in free swimming Pacific bluefin tuna (*Thunnus thynnus orientalis*), *Mar. Ecol. Prog. Ser.*, 220, 253-263 (2001).
14) T. Kitagawa, H. Nakata, S. Kimura, and H. Yamada: Thermal adaptation of pacific bluefin tuna, *Thunnus orientalis*, to temperate waters, *Fish. Science*, 72, 149-156 (2006)
15) T. Kitagawa, H. Nakata, S. Kimura, and H. Yamada: Diving behavior of immature Pacific bluefin tuna (*Thunnus thynnus orientalis*) for feeding in relation to seasons and areas: the East China Sea and the Kuroshio-Oyashio transition region, *Fish. Oceanogr.*, 13, 161-180 (2004).
16) T. Itoh, S. Tsuji, and A. Nitta: Swimming depth, ambient water temperature preference, and feeding frequency of young Pacific bluefin tuna (*Thunnus orientalis*) determined with archival tags, *Fish. Bull.*, 101, 535-544 (2003).
17) F. G. Carey, J. W. Kanwisher, and E. D. Stevens: Bluefin tuna warm their viscera during digestion, *J. Exp. Biol.*, 109, 1-20 (1984).
18) 中田英昭：回遊行動生態研究の国際的動向，水産海洋研究, 63, 98-102（1999）．

II. 哺乳類・爬虫類の行動解析への応用

5. バイカルアザラシの潜水行動解析

渡 辺 佑 基*

　近年急速に高性能化したデータロガーは，水深，遊泳速度，経験水温，加速度といった多種のパラメータを高頻度で記録できるため，観察が困難な海洋動物の行動研究に有用である．しかし，回収してデータを読み取る必要があり，従来は，再捕獲可能な動物にその研究対象が限られてきた．

　ここでは，まず，新たに開発した自動切り離しデータロガー回収システムについて述べる．これは，読んで字のごとく，データロガーを動物の体から切り離して回収するシステムである．動物再捕獲の必要をなくし，研究対象種を大きく広げる可能性をもったシステムだといえる．次に，このシステムの応用例として，バイカルアザラシの潜水行動について記述する．バイカルアザラシの潜水行動は昼夜で大きく異なる．これは，異なる感覚器官を頼りに異なる餌生物を追いかける，昼夜の捕食行動の違いだと解釈される．最後に，バイカルアザラシが潜水中に受ける浮力の影響について述べる．バイカルアザラシは，バイカル湖という淡水に生息する珍しいアザラシ種である．淡水中と海水中とでは，動物が受ける浮力の大きさが異なる．このような浮力の違いがバイカルアザラシの行動に与える影響を考察する．

§1. 自動切り離しデータロガー回収システム

　データロガーを用いた海洋動物の行動調査は，1960年代，南極のウェッデルアザラシを対象として始まった．それは，ウェッデルアザラシが，(1) 機器装着に耐えられるほど大きい（成獣で300〜400kg程度），(2) 人を警戒しないで氷上で休息するため，機器回収のための再捕獲が容易である，という2つの理由による．

---

* 東京大学海洋研究所

近年，デジタル技術の進歩によりデータロガーが小型化され，大型のアザラシだけでなく，ペンギンなどの鳥類，ウミガメなどの爬虫類，サケなどの魚類にも応用されるようになった．一方，機器回収技術はいまだ不十分で，それが，研究の対象となり得る生物種を限定している．海鳥のように定期的に巣に戻るもの，サケのように回遊経路を予測できるものは研究対象になり得るが，例えばバイカルアザラシのように，行動の予測がつかないものは，研究対象には従来ならなかった．

バイカルアザラシは，ロシアの中央シベリア南部に位置するバイカル湖の固有種である．ウェッデルアザラシとは違い，警戒心が非常に強く，決まった上陸場をもたない．機器を取り付けたバイカルアザラシを再捕獲するのはほとんど不可能であるため，この動物から行動データを得るためには，何かしら策を講じなければならない．人工衛星を使ってデータを送ることも可能だが，大きなコストがかかる上，伝送できるデータ量は限られている．

Baranov[1]は，独自のアザラシ回収装置を提案した．救急箱ほどのサイズのその装置内には，二酸化炭素の入ったガスボンベと空のエアバックが入っている．アザラシの背中に装置を取り付けて，バイカル湖に放すとしよう．事前に設定した時間が経過すると，エアバックに二酸化炭素が送り込まれる．大きく膨らんだエアバックによる過剰な浮力でアザラシを潜れなくさせ，水面にとどまっているアザラシを探して回収しようという画期的なシステムである．しかし，残念ながらその装置はまだ信頼性が低く，実用には至らなかった．

行動データを得るためには必ずしも動物ごと回収する必要はなく，機器だけを切り離して回収すればよい．東京大学海洋研究所，国立極地研究所，リトルレオナルド社が合同で自動切り離しデータロガー回収システムを開発した（図5・1）．このシステムの要は切り離し装置である．これはタイマー，電池，ケーブルの3要素からなり，ある時間が経過すると，電気が流れてケーブルが断ち切られる仕組みになっている．このケーブルでデータロガーを動物の体に固定すれば，一定時間後に切り離すことができる．データロガーには浮力体とVHF電波発信器を取り付けておく．切り離された機器は，水面に浮かんでVHF電波を発信するので，探し出して回収することが可能である．このシステムを用い，Watanabeら[2]は，バイカルアザラシの詳細な潜水行動データを初めて得

ることに成功した.

　自動切り離しデータロガー回収システムは，バイカルアザラシに限らず，幅広い海洋動物に応用が可能だろう．とりわけ，魚類への応用が期待される．Kawabeら[3]やTanakaら[4-6]による魚類の行動調査では，漁業者による再捕獲を待つというハイリスクな方法でデータが集められた．回収システムを使用

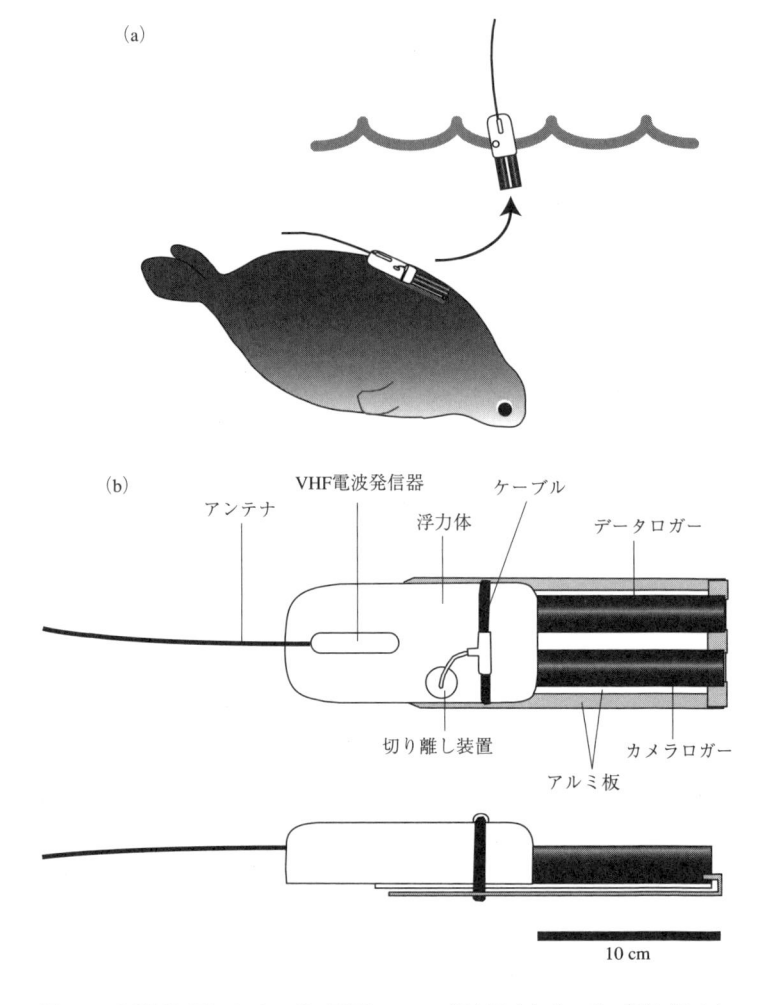

図5・1　自動切り離しデータロガー回収システムの概念図（a）と，その詳細（上から見た図と横から見た図）（b）.

することで，データロガーの回収率アップが期待される．東京大学海洋研究所の筆者の研究室では，回収システムを使ったシロサケ，マンボウ，カラチョウザメの調査が現在進行中である．超音波発信機を併用し，魚を追跡しながら切り離し装置が作動するのを待つというやり方が，今のところ信頼性が高そうである．

§2．バイカルアザラシの潜水パターン

バイカルアザラシの典型的な潜水パターンを図5・2に示す．彼らは，平均6分間の潜水を，平均1分間のインターバルをはさんで連続的に行う．潜水深度は平均で69 mだが，ばらつきが大きく，記録された最大潜水深度は245 mである．

バイカルアザラシの潜水深度は時間とともに変化する．昼間，彼らは50 m前後の潜水を繰り返しているが，夕暮れ時になると150 m以上の深い潜水を開

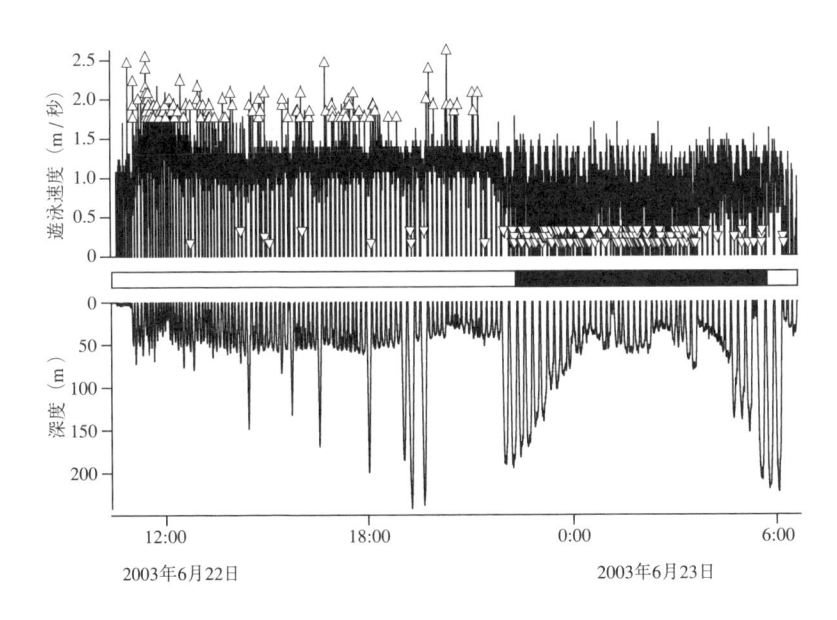

図5・2 バイカルアザラシの典型的な1日の潜水パターン．図中央部のバーは，昼間（白色）と夜間（黒色）を示す．遊泳速度グラフ上の三角（△）はダッシュ行動，逆三角（▽）は減速行動を示す．

始する．その後，夜がふけるにしたがって潜水深度が次第に浅くなっていき，真夜中を境にして今度は潜水深度が深くなり始め，夜明けごろには再び150 m以上の深い潜水をするようになる．つまり，夜間の潜水深度の時系列グラフは綺麗なアーチを描く．Boyd and Croxall [7] は，このような夜間の潜水深度のアーチがナンキョクオットセイで見られたことを報告している．餌である甲殻類の日周鉛直移動に合わせ，アザラシやオットセイが潜水深度を変えていると考えられる．

　個々の潜水を詳しく見てみると，遊泳速度に昼夜の違いがあることに気付く（図5・3）．昼間の潜水では突然スピードを上げるダッシュ行動が見られる．データロガーと併用したカメラロガーから得られた静止画像によると，アザラシはダッシュの瞬間，主要な餌生物の1つである魚 *Comephorus* sp. を追いかけていることがわかった（図5・4）．ダッシュは必ず，湖底方向ではなく，水面方向に向って行われる．これは，アザラシが昼間，視覚に頼って餌を追いかけていることを示す．暗い水中から明るい水面を見上げ，魚のシルエットを視覚で捉えているのだろう．

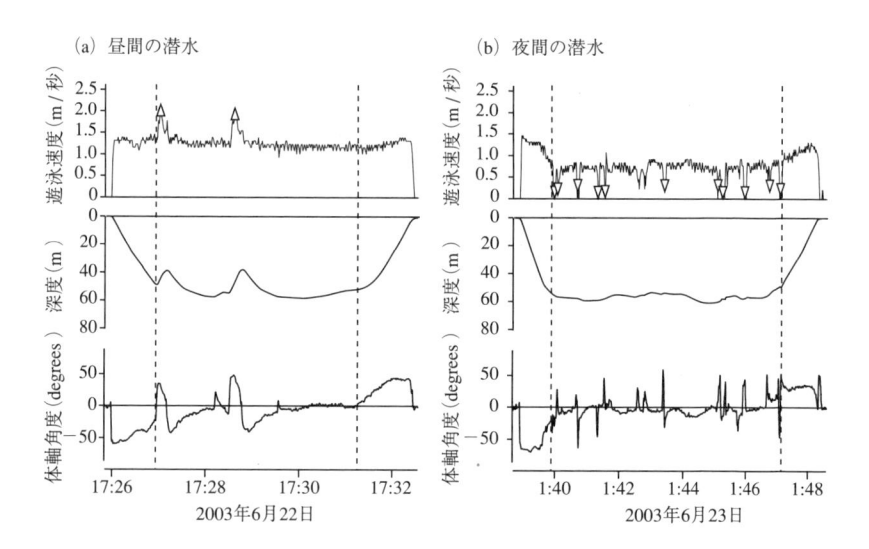

図5・3　昼間の潜水（a）と夜間の潜水（b）の一例．体軸角度とは，アザラシの体軸が水平面となす角度のことで，プラスの値が上向き（水面方向），マイナスの値が下向き（湖底方向）を示す．遊泳速度グラフ上の三角（△）はダッシュ行動，逆三角（▽）は減速行動を示す．

図5·4 カメラロガーにより得られた画像(アザラシの背中越しに進行方向を写したもの)(a)とトロールでとられた*Comephorus baicalensis*(b).

　ダッシュが見られる昼間の潜水とは異なり，夜間の潜水では，突然スピードが落ちる減速行動が見られる．アザラシは小さな甲殻類の群れの中に入ってスピードを落とし，それらを捕食しているのではないか．ヨコエビ*Macrohectopus* spp.もバイカルアザラシの主要な餌生物である．今回使用したカメラロガーにはフラッシュがなく，夜間の画像情報は残念ながら得られていない．夜間の捕食行動では視覚の重要性が低いと考えられる．アザラシは，餌生物が乱した水の流れをヒゲで感知しているのだろう．Dehnhardtら[8]は，目隠しをしたアザラシが，ヒゲで水流の乱れを感知し，プールの中でミニチュア潜水艦を追跡することができた，と報告している．

§3. 浮力の影響

ペンギン，アザラシ，クジラなどの動物は，潜水中に浮力の影響を受ける．体の密度が水より小さい動物は，鉛直上向きの力（正の浮力）を受け，体の密度が水より大きい動物は，鉛直下向きの力（負の浮力）を受ける．体の密度が変わらない限り浮力のはたらく方向は一定なのに対し，動物の進行方向は潜行と浮上で逆になる．したがって，浮力は，潜行・浮上というフェイズにより，動物の進行方向にはたらいて彼らの運動の助けにもなれば，進行方向と逆方向にはたらいて妨げにもなる．このような性質をもつ浮力に対し，潜水動物がどのように対応しているか．エネルギー収支に関わる重要な問題にも関わらず，よくわかっていない．

浮力の観点から，バイカルアザラシは興味深いモデルである．なぜなら，バイカルアザラシは，バイカル湖という淡水に生息する珍しいアザラシ種だからだ．淡水と海水では密度が異なるため，潜水中の動物にはたらく浮力の大きさが異なる．淡水にすむバイカルアザラシの行動を調べ，海水にすむ多くの潜水動物と比べることで，潜水動物全体の浮力への対応の仕方が見えてくるのではないか．

淡水－海水間の浮力の違いは，次のように考えると実感できる．アルキメデスの原理により，水中では，物体がおしのけた水の重さと等しい上向きの力を受ける．水の密度は海水で約 1,028 kg / m^3，淡水で 1,000 kg / m^3 なので，1 m^3 の物体にはたらく上向きの力は，海水において淡水よりも 28 kg 大きくなる（つまり，海水のほうが，淡水よりも物体を浮かせやすい性質をもつ）．体重 60 kg のヒト（バイカルアザラシの体重もそのくらい）の体積は約 0.06 m^3（60 l）なので，海水と淡水とでは，$28 \times 0.06 = 1.68$ kg の浮力差が生じる．つまり，ヒトやバイカルアザラシが淡水に潜ることは，約 2 kg の鉛の重りをつけて海水に潜ることと同じである．

バイカルアザラシが受ける浮力の影響を調べるため，加速度データロガーを使用し，潜水中の脚鰭によるストロークをモニタリングした．図5・5に一例を示す．アザラシは潜水を開始後すぐにストロークを止め，グライディングで約 200 m の深度まで到達している．一方，浮上時には連続的にストロークをしており，バイカルアザラシが強い負の浮力をもつことがわかる．Sato ら[9]や

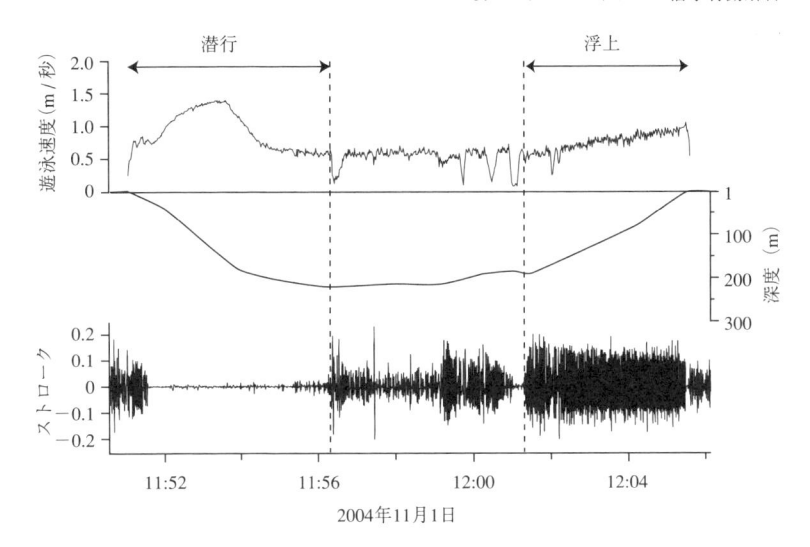

図5・5 潜水中のストロークパターンの一例．ストロークのメモリは，加速度データをもとにした相対値である．潜行時にはほとんどストロークが行われず，浮上時には連続的に行われている．

Williamsら[10]は，ウェッデルアザラシ，キタゾウアザラシ，ハンドウイルカ，シロナガスクジラがバイカルアザラシと同様，潜行時にグライディングすることを報告している．しかし，潜行時間に対するグライディング時間の割合（潜行時間の何パーセントをグライディングで過ごしたか）は，それら4種の動物よりもバイカルアザラシのほうが有意に大きかった．つまり，バイカルアザラシは，他の海生哺乳類よりも長いグライディングをしていた．これが淡水の影響であると考えられる．淡水にいるバイカルアザラシは，海水にいる他の海生哺乳類よりも沈みやすく，潜行時に長いグライディングができるのだろう．グライディングはエネルギー節約によい移動方法であり，少なくとも潜行に関しては，淡水という環境がバイカルアザラシにアドバンテージを与えているようである．しかし，バイカルアザラシが他の海生哺乳類よりも沈みやすいのなら，潜行時には楽をできるが，浮上時には逆にハードワークを強いられるはずである．潜行，浮上を含めた潜水サイクルにおいて，どのような浮力，どのようなストロークパターンが最も省エネであるのか，さらなる調査が必要である．

文献

1) E.A. Baranov: A device for data retrieval and recapture of diving animals in open water, *Mar. Mamm. Sci.*, 12, 465-468 (1996).

2) Y. Watanabe, E.A. Baranov, K. Sato, Y. Naito, and N. Miyazaki: Foraging tactics of Baikal seals differ between day and night, *Mar. Ecol. Prog. Ser.*, 279, 283-289 (2004).

3) R.Kawabe, Y.Naito, K.Sato, K.Miyashita, and N. Yamashita: Direct measurement of the swimming speed, tailbeat and body angle of Japanese flounder (*Paralichthys olivaceus*), *ICES J. Mar. Sci.*, 61, 1080-1087 (2004).

4) H. Tanaka, Y. Takagi, and Y. Naito: Behavioural thermoregulation of chum salmon during homing migration in coastal waters, *J. Exp. Biol.*, 203, 1825-1833 (2000).

5) H. Tanaka, Y. Takagi, and Y. Naito: Swimming speeds and buoyancy compensation of migrating adult chum salmon *Oncorhynchus keta* revealed by speed/depth/acceleration data logger, *J. Exp. Biol.*, 204, 3895-3904 (2001).

6) H. Tanaka, Y. Naito, N. D. Davis, S. Urawa, H. Ueda, and M.A. Fukuwaka: First record of the at-sea swimming speed of a Pacific salmon during its oceanic migration, *Mar. Ecol. Prog. Ser.*, 291, 307-312 (2005).

7) I. L. Boyd and J. P. Croxall : Diving behavior of lactating Antarctic fur seals, *Can. J. Zool.*, 70, 919-928 (1992).

8) G. Dehnhardt, B. Mauck, W. Hanke, and H. Bleckmann: Hydrodynamic trail-following in harbor seals (*Phoca vitulina*), *Science*, 293, 102-104 (2001).

9) K. Sato, Y. Mitani, M.F. Cameron, D.B. Siniff, and Y. Naito: Factors affecting stroking patterns and body angle in diving Weddell seals under natural conditions, *J. Exp. Biol.*, 206, 1461-1470 (2003).

10) T. Williams, R. W. Davis, L. A. M. Fuiman, J. Francis, B.J. Le Boeuf, M. Horning, J. Calambokidis, and D.A. Croll: Sink or swim: strategies for cost-efficient diving by marine mammals, *Science*, 288, 133-136 (2000).

6. 鳴音を利用したジュゴンの行動追跡

市 川 光 太 郎 *

　熱帯から亜熱帯の海域沿岸部に生息するジュゴン *Dugong dugon* は，鳴音を発する草食性の海生哺乳類である．オーストラリア沿岸において本種の世界最大個体数（8,000頭以上）が確認されているが，他の多くの生息地においては個体数の減少が著しく，本種の絶滅を危惧する声は大きい[1-3]．特に，日本の沖縄本島周辺海域はジュゴン生息域の北限であるといわれており，早急な保護対策が求められている．現在，国内外で様々な保護が試みられているが，講じられる保護対策の生物学的根拠は希薄であるため，ジュゴンの行動生態に関する基礎研究に寄せられる期待は大きい．本稿では，ジュゴンの行動を遠隔地から測定する新しい行動観察手法とそれによって得られた知見について論ずる．

§1. 沿岸域でのジュゴンの行動観察手法

　従来のジュゴンの行動観察手法は，航空機や船舶による目視調査が主流であった．ジュゴンは水温に対応した回遊を行い，冬季と夏季で利用する海域が異なること[4]，および世界各国での個体数調査など[5]，様々なことが明らかにされてきた．しかしながら，目視調査は観察者の習熟度や体調，天候および海況などによって検出効率は大きな影響を受ける．そしてなにより，夜間の調査が非常に困難であるという問題点を抱えていた．ジュゴンの生態情報をより深化させるためには，ジュゴンの行動を長期間連続的に，一定の効率で観察する手法が必要であった．

　野生動物の行動を観察するにあたって，"Telemetry（テレメトリー）"と呼ばれる手法が有用である．テレメトリーとは観察対象の情報を遠隔地から測定する手法であり，観察者が直接到達できないような場所での観察が可能となる．数多くのテレメトリー手法が開発されてきているが，大きく分けて測器を装着する手法と装着しない手法の2種類に分類することができるだろう．

---

* 京都大学大学院情報学研究科

衛星用電波発信器やデータロガーなどの測器を観察対象個体に直接装着する手法は，近年，急速な技術発展を遂げている．特に，情報技術の発達とともに計測器の小型化が進み，より小さな個体に，より少ない負担で計測器を装着することができるようになった．ジュゴンの行動観察にもこの手法は適用され，ジュゴンが1日の70％以上の時間を水深3m以浅の海域で過ごすこと[6]や，最大560kmにも及ぶ海域移動をすること[7]などがわかった．今後，測器装着によるバイオテレメトリーを用いたジュゴン研究が進展していくことは想像に難くない．

測器を装着しないタイプのテレメトリー手法として，観察対象生物の出す音を記録することで遠隔地からの観察を可能とする手法が受動的音響観察である．以下にいくつかの受動的音響観察の適用例をあげる．

ハンドウイルカ*Tursiops truncatus*を対象とした2次元平面上での受動的音響測位では，複数の水中マイクで対象動物の鳴き声を録音し，ハンドウイルカの音源音圧と行動範囲が明らかになった[8]．ジュゴンと同じ海牛目に属するウェストインディアンマナティー*Trichecus manatus latirostris*の年間死亡個体数の1割以上が，近隣を航行する船舶との衝突によるものであることを受けて，マナティー鳴音を自動的に検出し，航行する船舶に注意を促すシステムが考案されている．このシステムにおいては，96％のマナティー鳴音が正しく検出され，16％が誤警報であった[9]．Wangら[10]やAkamatsuら[11, 12]では，中国のスナメリの目視観察と受動的音響観察の検出結果を比較し，受動的音響観察が目視観察に比べて高い精度でスナメリの存在を確認できることがわかった．McDonald and Fox[13]は受動的音響観察によってナガスクジラ*Balaenoptera physalus*の鳴音を計測し，個体数密度やその季節変動を確認した．観察対象が測器を装着した個体に限定されないため，受動的音響観察によるテレメトリーはMcDonald and Fox[14]のように特定地域で見られる行動の時間的変動を追跡する上で有効である．

上記の調査手法で得られる行動情報の他に，動物の行動を説明する上で重要な要素がもう1つある．個体間の行動の相互作用である．繁殖行動や縄張り行動に代表される個体間のインタラクションは，自己の存続に関わる重要な事象の1つである．このような個体間行動では，例えばザトウクジラのソングや鳥

類の鳴き交わし行動など，鳴音が情報伝達媒体となる事例が多いため，観察対象動物の鳴音を伴う行動を理解する必要がある．

動物の発声行動を検証した鳴音の録音による音響調査は，したがって，対象動物が鳴音によって種判別可能な場合，強力な野外観察手法となる．音響調査の制約としては，調査対象がある程度の音源音圧で発声し，ある程度高い頻度で発声する動物に限定されることなどがあげられる．

§2．ジュゴン観察への受動的音響観察の適用

さて，受動的音響観察手法はジュゴンに適用されうるのだろうか．タイ南部アンダマン海に生息するジュゴン個体群から得られた鳴音（図6・1）は，持続時間に応じて持続時間の短い鳴音と長い鳴音の2種類に大別された[14]．持続時間の短い鳴音の卓越周波数は 平均 4521 ± 1615 Hz（SD）で持続時間の平均は 126 ± 87 ms（SD）であった（n＝704）．持続時間の長い鳴音の平均周波数は 4152 ± 1111 Hz（SD）で持続時間の平均値は 1737 ± 1049 ms（SD）であった（n＝74）．発声が最も盛んな時間では2秒以内に1回の発声が記録されたことから受動的音響観察のジュゴン観察への適用は可能であることがわかった[14]．

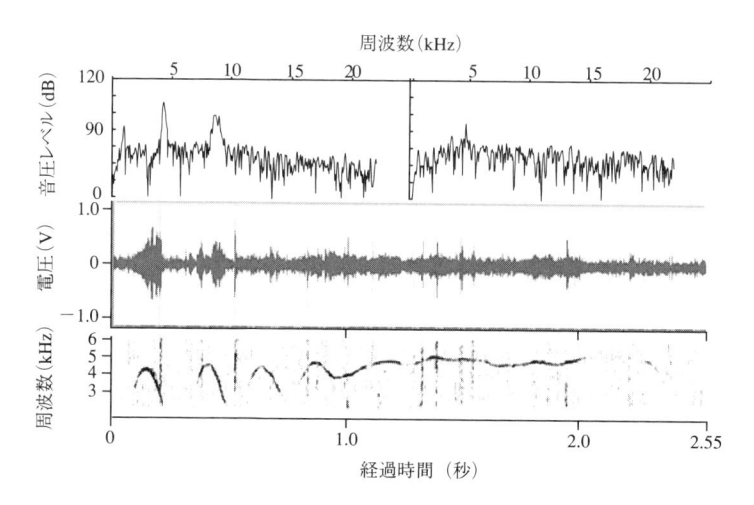

図6・1 ジュゴン鳴音のソナグラム（下段）およびその波形（中段）．持続時間の短い鳴音が3件続いた後に長い鳴音が記録された．上段は典型的な短い鳴音（上段左）と長い鳴音（上段右）のスペクトル図である．

§3. ジュゴンの沿岸域での行動

ジュゴンは沿岸の浅い海域に生息し，1日の72％を水深3m以浅の海域で過ごす[6]．また，干潮時には干出してしまうような干潟に分布する海草類を摂餌すること[15-17]や夜間に観察が多いこと[18]などから，ジュゴンの行動は潮汐条件あるいは日周に強い制約を受けている可能性がある．しかしながら，ジュゴンの来遊および来遊個体数に対する潮汐や日周の影響に関する情報は少ない．本稿では，受動的音響観察手法を用いたジュゴンの行動観察によって本種の行動に見られる周期性について筆者らが行った調査とその結果を紹介する（詳細はIchikawaら[19]を参照のこと）．

3・1 調査概要

筆者らは，タイのトラン県タリボン島周辺海域（図6・2．07°12.908′N, 99°24.071′E）において受動的音響観察を実施した．当該海域はおよそ7 km²の

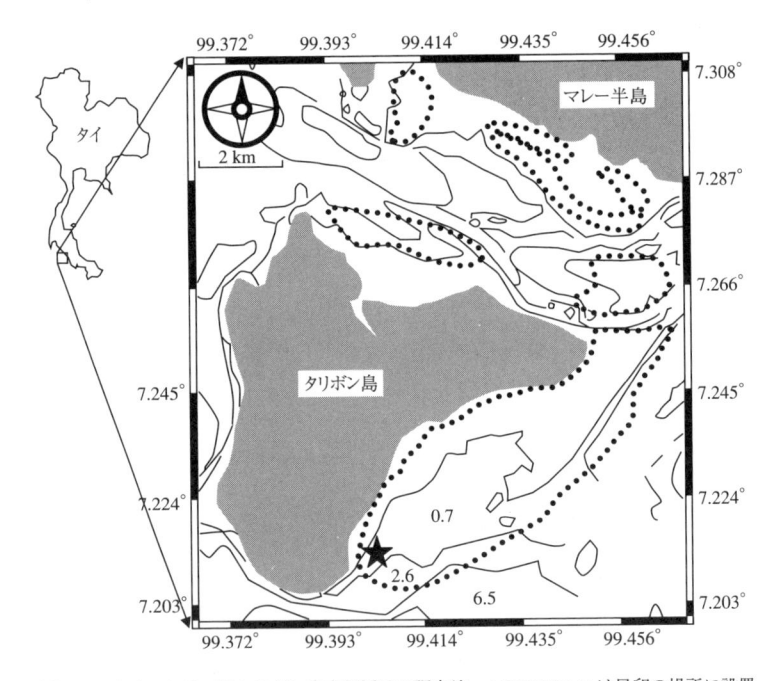

図6・2 タイのトラン県タリボン島南部周辺の調査地．AUSOMS-Dは星印の場所に設置された．モニタリング海域は水深約5mの平坦な砂泥が広がっている．点線で囲まれた海域はジュゴンの餌となる海草群落の分布を示す[26]．日中のジュゴンの目視情報のほとんどが海草群落の周辺で得られた[21, 26]．

海草群落が分布している[20]．海底はほぼ遠浅で平坦な砂底である．タイ国におけるジュゴンの最大個体群が当該海域において確認されている[15]．

受動的音響観察にはステレオ式自動水中音録音システム（ジュゴン用）－Automatic underwater sound monitoring systems for dugongs Version 1.0, システムインテック社製[21]－（以後，AUSOMS-D）を利用した．本システムは上述したジュゴン鳴音の音響特性に基づいて開発された．AUSOMS-Dは2本の水中マイク（マイク間隔2 m），電子回路およびバッテリーが内蔵された耐圧容器からなる．主に船舶のエンジンによる低周波ノイズを軽減するために，1 kHzのハイパスフィルタが適用された．ステレオ録音のサンプリングレートは44.1 kHzで，ダイナミックレンジは74から120dB（re1 μPa, 16ビット分解能）であった．

筆者らはAUSOMS-Dをタリボン島南部海域の海底に（図6・2．07°12.786′N, 99°24.114′E）に設置した．水中音データは2004年2月24日から26日までの連続2日間および同年2月28日から3月4日までの連続5日間に亘って記録された．

3・2　システムの精度：方位計測とその精度

ステレオ水中マイクへの到達時間差によって音源方位の計測を行った（式1）．

$$\theta = \cos^{-1}\left(\frac{c \times t}{d}\right) \quad\quad\quad （式1）$$

ここでθは音源方位，cは水中音速，tは到達時間差そしてdは水中マイク間の距離である．

方位計測のキャリブレーションのために，人工的に合成したジュゴン擬似鳴音をAUSOMS-Dの近くで水中スピーカーを用いて放音した．水中スピーカーを垂下した船舶のGPSログとAUSOMS-Dの計測結果を比較して精度検証を行った結果，方位計測誤差は平均9.43 ± 9.61°（SD；n = 117）であった．

3・3　ジュゴンの発声行動に見られる周期性

ステレオ録音は2004年2月24日の10:00から同月26日10:00までの48時間（前半期間）および2004年2月28日10:00から3月4日06:00までの116時間（後半期間）実施した．自動検出システムによって3,453件のジュゴン鳴音および8,383件の船舶騒音あるいはパルス性雑音を検出した．前半期間には

664件（13.8 calls / 時）の鳴音が記録され，後半期間には2,789件（24.0 calls / 時）が記録された．図6・3に5分当たりの鳴音検出頻度変化および相対潮位変化を示す．前半期間は小潮，後半期間は大潮であり，両者の潮位変化は有意に異なった（t-test, $p < 0.01$；それぞれ2.55 ± 0.25 m, n = 4, 1.04 ± 0.53 m, n = 12）．潮汐変動周期は前半期間が12時間，後半期間が13時間であった．前半期間では，ジュゴン鳴音の検出頻度変化の自己相関は5.25および24.25時間の周期を示した（図6・4a）．後半期間では25.58時間周期であった（図6・4b）．

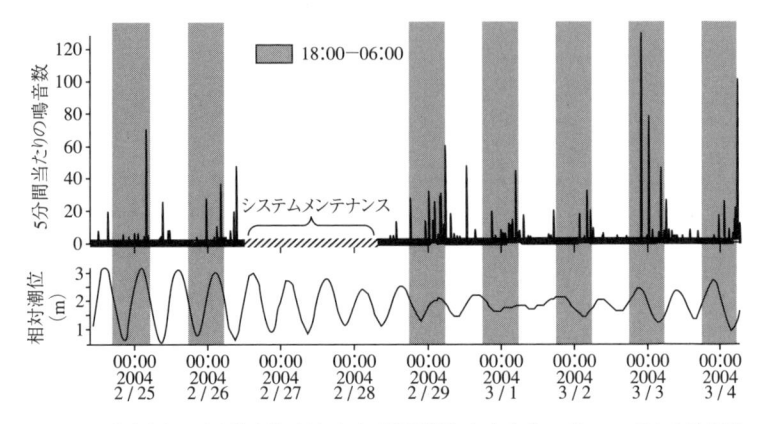

図6・3　5分当たりの鳴音検出数（上）および相対潮位（m）（下）．グレーで示した時間帯は18:00～06:00の夜間を表す．鳴音は夜間に検出されることが多かった．2004年2月26日10:00から同年2月28日10:00までの間，システムメンテナンスのため録音は行っていない．

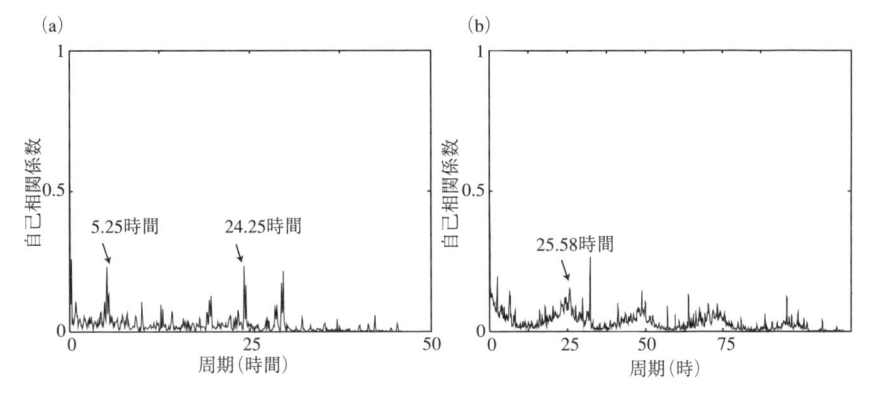

図6・4　鳴音の検出頻度変化の自己相関（前半期間：a，後半期間：b）．前・後半期間ともに25時間前後の周期成分が確認された．

前・後半期間を通じて，早朝03:00から06:00の時間帯に検出頻度が高くなることがわかった（図6・5．Scheffe's pair-wise comparison test, $p < 0.01$）．この時間帯に全体の34.0％（前半期間：226 / 664件）および47.4％（後半期間：1,322 / 2,789件）の鳴音が検出された．

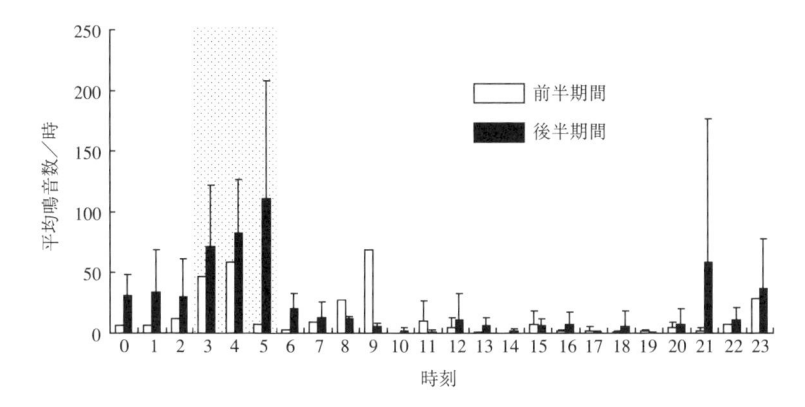

図6・5 1時間当たりの平均鳴音数と標準偏差（前半期間：白，後半期間：黒）．　　　で示した時間帯（03:00-05:00）で発声が顕著であり，この時間帯は調査期間を通じて変化することはなかった．

7日間に及ぶ録音期間中に最頻発声時刻が変化しなかったことから発声個体のモニタリングエリアへの来遊は潮汐周期だけでなく，日周期にも影響を受けている可能性がある．

3・4　大潮期と小潮期の発声個体数の比較

検出された間隔が1秒以内の鳴音群に対して，音源方位の分布を調べた．抽出されたそれぞれの鳴音群における音源方位の分散をその瞬間の発声個体数の大小を表す指標とした（以後, Momentary Population Index：MPI）．抽出された鳴音群が，多数の個体が様々な場所で発声したものである場合，MPIの値は高くなる．前半期間では合計51シリーズの鳴音群が抽出され，後半期間では308シリーズが抽出された．両者の平均値は有意に異なり，それぞれ35.4 ± 20.9（SE）および157.1 ± 36.5（SE）であった（Welch's t-test, $p < 0.01$）．鳴音検出数が後半期間に多かったことおよび瞬間個体数指標（MPI）が後半期間のほうが高い値を示していたことから，前半より後半期間に多くの個体が存在していたことがわかった．潮位変化が少ないため，モニタリングエリア内で

の長時間にわたる滞在がより容易なのかもしれない．

3・5 総合考察

　潮汐周期および日周期とジュゴンの行動の関係を示唆した先行研究は数多い．例えば，干潮時には水深が浅すぎて，物理的に進入不可能になる干潟においてジュゴンが摂餌を行っている事例がいくつか報告されている[15-17]．このように，浅海では，ジュゴンは潮位変化による強い制約を受ける．Anderson and Birtles[22] は，Shoalwater湾（オーストラリア，クイーンズランド）におけるジュゴンの摂餌は潮位変動に強く規制されていたと報告した．彼らはまた，ジュゴンの摂餌は昼夜を問わず観察され，頻繁な人為的撹乱の影響下でも日中の摂餌はごく普通の出来事であると報告している．Hines[20] はタリボン島周辺において航空機による目視調査を実施し，満潮および干潮時により多くの個体が観察されたことを報告した．ベトナムやタイにおいて夜間に摂餌を行った事例もある[16, 18]．

　これら多くの研究事例から，ジュゴンは日中も沿岸域において摂餌を行うことがわかる．一方，発声行動には明瞭な周期性が確認され，夜間が中心で日中はそれほど多くはなかった．また，モニタリング中のMPIや鳴音ソナグラムの重複からも複数個体が存在していたことは明らかであった．モニタリング海域は，ジュゴンの餌となる海草群落が繁茂しておらず[23]，摂餌場として利用されている訳ではない．つまり，記録された鳴音は摂餌行動に直接関係して発声されたものではないといえる．鳴音が他個体の存在下で発声されていたことから，個体間で何らかの機能を発揮することが示唆された．今後，ジュゴンの擬似鳴音を再生し，ジュゴンの反応行動を観察する実験（プレイバック実験）を実施することで，鳴音を媒体とした個体間の情報伝達の一端を解明することができるだろう．調査期間の長期化や方位計測精度の向上も不可欠な要素である．

§4. 今後の課題

　本稿では，1基のAUSOMS-Dから得られた知見を紹介した．複数基のAUSOMS-Dを利用すれば，音源方位の交点から発声個体の位置を特定することができる．ジュゴンの発声時の行動を追跡することができれば，鳴音の機能解明が促進されることは間違いないだろう．本研究で用いた解析手法では，方

位計測誤差が9.43 ± 9.61°（SD；n = 117）であった．これは，AUSOMS-Dを中心とし，音源までの距離（受信距離）を半径（r）とした円を考えると，受信距離の約33%の誤差となることを意味する（2πr × 19.04 ÷ 360 = 0.332 r）．例えば，受信距離が100 mの場合，最大誤差は約33 mとなる．これでは発声個体による行動の相互作用を検証するのは難しい．方位計測精度を向上させる方法で最も現実的なのは，ステレオハイドロホンの基線間距離を伸ばすことだ．基線間距離を伸長し，物理的に伝搬距離を作り出してやることで方位分解能が向上するはずである．本研究では，基線間距離を2 mとしたが，今後は10 m程度に伸長することを検討する．

本研究で用いた受動的音響観察手法では，モニタリングエリア内のすべての個体の発声行動を観察することができる．これにより，モニタリングエリア内での発声行動が時間的に変動することがわかった．しかしながらこれは，裏を返せば個体の特定ができないという弱点でもある．個体ごとの発声頻度や鳴音の周波数帯はどうなっているのであろうか．今後，ジュゴンの鳴音機能解明を進めていくにあたって，水族館で飼育されている個体からのデータ収集や，音響信号を記録・保持する個体装着型の音響データロガーによるテレメトリーを併用することで相補的な情報獲得を展開することが重要である．

謝　辞

本研究は，タイ国国立研究協議会，プーケット海洋生物学センター，（社)日本水産資源保護協会，（株)国土環境，（株)システムインテック，水産工学研究所，および京都大学大学院生物圏情報学講座の協力と援助無しには遂行しえなかった．ここに厚く謝意を表させていただきたい．

文　献

1) H. Marsh, H. Penrose, C. Eros, and J. Hugues : Dugong Status Report and Action Plans for Countries and Territories, UNEP Early Warning and Assessment Report Series, 1-162 (2002).

2) A. Preen : Marine protected areas and dugong conservation along Australia's Indian Ocean coast, *Environmental Management*, 22 (2), 173-181 (1998).

3) A. Preen: Distribution, abundance and conservation status of dugongs and dolphins in the southern and western Arabian Gulf, *Biol. Conserv.*, 118, 205-218 (2004).

4) P. K. Anderson: Dugongs of Shark Bay, Australia-Seasonal Migration, Water Temperature, and Forage, *Natl. Geogr. Res.*, 2 (4), 473-490 (1986).

5) H. Marsh, C. Eros, P. Corkeron, and B. Breen : A conservation strategy for dugongs : implications of Australia research, *Mar. Freshwat. Res.*, 50, 979-990 (1999).

6) B. L. Chilvers, S. Delean, N. J. Gales, D. K. Holley, I. R. Lawler, H. Marsh, and A. R. Preen: Diving behavior of dugongs, Dugong dugon, *J. Exp. Mar. Biol. Ecol.*, 304, 203-224 (2004).

7) J. K. Sheppard, A. R. Preen, H. Marsh, I. R.Lawler, S.D. Whiting, and R.E. Jones: Movement heterogeneity of dugongs, Dugong dugon (Muller) , over large spatial scales, *J. Exp. Mar. Biol. Ecol.*, (in press).

8) V. M. Janik, S. M. Van Parijs, and P. M. Thompson: A Two-Dimensional Acoustic Localization System for Marine Mammals, *Mar. Mamm. Sci.*, 16 (2), 437-447 (2000).

9) C. Niezrecki, R. Phillips, and M. Meyer: Acoustic detection of manatee vocalizations, *J. Acoust. Soc. Am.*, 114 (3), 1640-1647 (2003).

10) K. Wang, D. Wang, T. Akamatsu, S. Li, and J. Xiao: A passive acoustical monitoring method applied to observation and group size estimation of finless porpoises, *J. Acoust. Soc. Am.*, 118, 1180-1185 (2005).

11) T. Akamatsu, D. Wang, K. Wang, and Z. Wei: Comparison between visual and passive acoustic detection of finless porpoises in the Yangtze River, China, *J. Acoust. Soc. Am.*, 109 (4), 1723-1727 (2001).

12) T. Akamatsu, D. Wang, K. Wang, and Y. Naito: Biosonar behaviour of free-ranging porpoises, *Proc. R. Soc. Lond. B*, 272, 797-801 (2005).

13) M. McDonald and C. Fox: Passive acoustic methods applied to fin whale population density estimation, *J. Acoust. Soc. Am.*, 105 (5), 2643-2651 (1999).

14) K. Ichikawa, T. Akamatsu, T. Shinke, N. Arai, T. Hara, and K. Adulyanukosol: Acoustical analyses on the calls of dugong, *Proceedings of the 4th SEASTAR 2000 workshop*, 72-76 (2003).

15) K. Adulyanukosol: Dugong, Dolphin and Whale in Thai Waters, *Proceedings of the 1st Korea-Thailand Joint Workshop on Comparison of Coastal Environment: Korea-Thailand*, 5-15 (1999).

16) H. Mukai, K. Aioi, K. Lewmanomont, M. Matsumasa, M. Nakaoka, S. Nojima, C. Supanwanid, T. Suzuki, and T. Toyohara: Dugong grazing on Halophila beds in Haad Chao Mai National Park, Trang Province, Thailand-How many dugongs can survive?-, *Effects of grazing and disturbance by dugongs and turtles on tropical seagrass ecosystems*, 239-254 (1999).

17) M. Nakaoka and K. Aioi: Growth of the seagrass Halophila ovalis at the dugong trails compared to existing within-patch variation in a Thailand intertidal flat, *Effects of grazing and disturbance by dugongs and turtles on tropical seagrass ecosystems*, 255-267 (1999).

18) P. H. Dung: The primary assessment on the Dugong population in Viet Nam, *Proceedings of the 4th SEASTAR 2000 workshop*, 64-71 (2003).

19) K. Ichikawa, C. Tsutsumi, N. Arai, T. Akamatsu, T. Shinke, T. Hara, and K. Adulyanukosol: Dugong (*Dugong dugon*) vocalization patterns recorded by

automatic underwater sound monitoring systems, *J. Acoust. Soc. Am.*, 119 (6), 3726-3733 (2006).

20) E. Hines: Conservation of the Dugong (Dugong dugon) along the Andaman Coast of Thailand: An Example of the Integration of Conservation and Biology in Endangered Species Research, Ph.D. dissertation, Department of Geography, University of Victoria, Victoria, BC, Canada (2002).

21) T. Shinke, H. Shimizu, K. Ichikawa, N. Arai, A. Matsuda, and T. Akamatsu: Development of automatic underwater sound monitoring system version 1, *Proceedings of The 2004FY Annual Meeting of the Marine Acoustics Society of Japan*, 33-36 (2004).

22) P. K. Anderson and A. Birtles: Behavior and Ecology of the Dugong, Dugong dugon (Sirenia): Observations in Shoalwater and Cleveland Bays, Queensland, *Aust. Wildl. Res.*, 5, 1-23 (1978).

23) 中西喜栄・細谷誠一・中西佳子・荒井修亮・K. Adulyanukosol: タイ国リボン島周辺の海草藻場におけるジュゴンの食み跡の分布状況, 海洋理工学会誌, 11 (1), 53-57 (2005).

7. アオウミガメの回遊・潜水行動

安 田 十 也*

　近年，保護対象動物として，また漁業における混獲動物として関心が高まったこともあり，ウミガメ（ここではウミガメ科とオサガメ科の全種を呼ぶ）の調査・研究は世界各地で精力的に行われ，数多くの成果が発表されている．テレメトリー技術が一般的になるまでは，ウミガメを直接観察できる機会は雌個体の産卵上陸時に限られていた．本稿でも，はじめに§1. において，アオウミガメを対象に従来から行われてきた陸上での産卵調査について紹介する．生活史の多くを海洋で過ごすウミガメにおいて，陸上における調査のみでは繁殖生態に関する情報は断片的なものしか得ることができず，多くを推測に頼らざるを得ない．最近の衛星テレメトリー技術やデータロガーなどを使った行動記録技術の進展により，これまで推測に頼っていた海洋で過ごすウミガメ類の情報も取得できるようになった．§2., §3. では，衛星テレメトリーやデータロガーを利用した行動調査に関する研究を紹介し，陸上調査で得られた結果と合わせて，アオウミガメの繁殖生態について考察する．

§1. 砂浜産卵調査によるアオウミガメの繁殖季節性の研究

　ウミガメは生活史の多くを海洋で過ごすが，成熟した雌は産卵のために砂浜に上陸するので直接観察することができる．筆者らの研究グループは，アンダマン海に生息するアオウミガメの繁殖生態を調べることを目的に，タイのフーヨン島の砂浜においてアオウミガメの産卵調査を行った．

　1996年1月から2004年9月まで，夜間に砂浜を徒歩でパトロールした．上陸したアオウミガメを発見した時は，産卵を終えたのを確認した後に，インコネルタグとマイクロチップを前肢付け根に装着して個体識別し，標準曲甲長や産卵数を計測した．

　この産卵調査で94個体，416産卵巣を発見した．その結果，タイのフーヨ

---

* 京都大学大学院情報学研究科

ン島では1年中アオウミガメの産卵が行われることがわかった．また個体は1度の産卵シーズンに産卵を約2週間間隔で平均4.8±2.2回行うが，個体が産卵を開始する月は個体間で同一でないことがわかった（図7・1）．識別した94個体のうち，のべ19個体が3.2±1.4年後に同じ砂浜へ回帰した．この19個体の産卵期に注目したところ，回帰した月日は約3年前に産卵を始めた月日と殆ど同じ季節であることがわかった（スペアマンの順位相関検定，$r_s = 0.90$, $n = 19$, $p < 0.0001$；図7・2）．

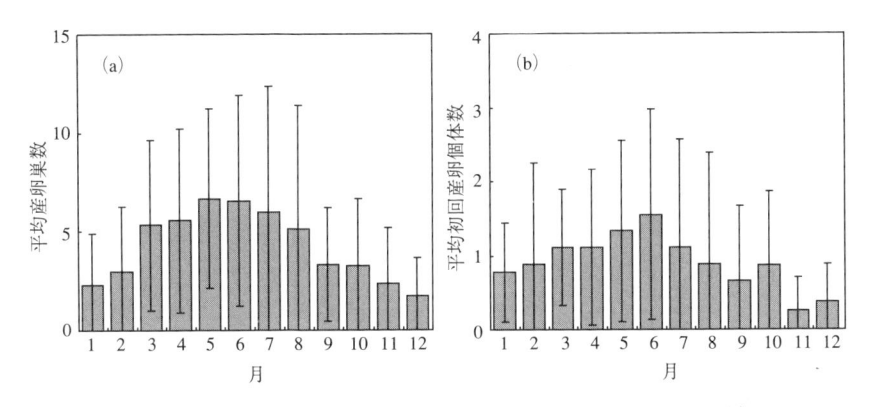

図7・1 各月で識別された（a）平均産卵巣数と（b）平均初回産卵個体数[1]

アオウミガメの繁殖では，砂浜が卵の孵化器となり卵の孵化率を左右する[2]．ウミガメの孵化は砂浜の環境，特に砂の温度の影響を強く受けることがわかっている[2-4]．例えば，卵が発達するためには，砂の温度が約25℃から約35℃以下であることが好ましく[2]，その範囲外では卵の孵化率は極端に下がってしまう．そのため冬に低温を経験する温帯・亜熱帯域では，ア

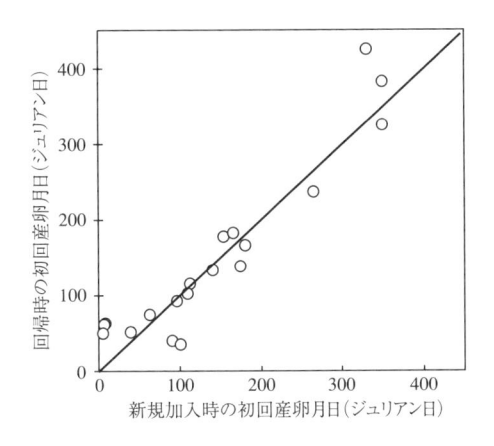

図7・2 新規加入時の初回産卵月日と回帰時の初回産卵月日との関係[1]

オウミガメの産卵は最も温暖な季節に行われ[5]，砂の温度が低くなる時期に産卵する個体は見られない[6]．フーヨン島は1年を通じて産卵が行われ，稚亀が孵化しているので，常に砂の温度は安定していると考えられる．ところが，砂の温度は常に安定しているのに，個体の産卵期は変化することがなかった（図7・2）．ウミガメは，ワニなどと異なり，親が子の保護をしないため，自らの繁殖成功度を評価することができない．そのため，いつでも産卵可能な繁殖場でも，個体の産卵期は大きく変化することがないのかもしれない．

§2. 衛星テレメトリーによるアオウミガメの回遊追跡

ウミガメが産卵を行うためには，摂餌場から繁殖場まで移動しなければならない．§1.で述べたように，アオウミガメが決まった時期に産卵するのであれば，移動距離が長距離に及ぶ場合，繁殖に伴う移動は産卵期選択にとって大きな問題になってしまう．また，ウミガメでは，交尾は繁殖場周辺の海域において産卵のおよそ1ヶ月前に行われるといわれる[5,7-9]．したがって，雌と同様に雄も1年を通じて繁殖回遊を行っているはずである．繁殖回遊を行うタイミングや回遊に伴うコストは，個体の繁殖成功度を左右する重要な要因であるので，1年を通じて産卵が見られるには，それらの季節差が小さくなければならない．これまでアオウミガメが繁殖のために繁殖場と摂餌場との間を移動することは，標識調査の再捕記録などから推測されていた．しかし，再捕記録から得られる情報は断片的であり，どういった経路でどのくらいの時間を繁殖回遊に費やしているかは推測の域を出なかった．

1970年代にアメリカとフランスが，アルゴスシステム[10]という位置測位システムの海洋調査や動物追跡調査用の運用を始めてから，ウミガメの繁殖回遊は大きな進展を迎えた．アルゴスシステムは，極軌道衛星が専用の送信機が発信する電波のドップラー効果を測定することで送信機の位置を測位するシステムである[10]．測位原理上，このシステムは送信機からの信号を衛星が2回以上受信すれば位置を測位することができる．アルゴスシステムでは，信号を4回以上受信できた場合は，アルゴスシステムを運用するアルゴス社が位置情報の精度を保障している[10]．位置情報の精度はロケーションクラス（LC）と呼ばれ，測位された位置情報は，最も精度のよいLC3（150 m以下の誤差）から，

LC2（150〜350 m），LC1（350〜1,000 m），LC0（1,000 m 以上）に分類される[10]．送信機からの信号受信回数が3回以下の場合は，LCA，LCB，LCZに分類され，位置情報の精度は保障されない．測位された位置情報はアルゴス社のサーバに接続して閲覧できる他に，Eメールでユーザへ配信されるサービスも行われている．

　2000年から2002年の間に，フーヨン島で産卵を行った雌成体7個体の背甲上に電波送信機（ST-18；Telonics社製，KiwiSAT 101；SIRTRACK社製）をエポキシ樹脂で装着し，個体の産卵後の移動を，アルゴスシステムを利用した衛星テレメトリーで追跡した．陸上動物に比べて海洋動物の位置情報をアルゴスシステムで取得するのは難しい．その理由は，送信機が海上にある場合しか電波を送信することができないことに加えて，衛星が送信機の信号を受信できる位置になければならないためである．したがって，海洋動物を対象とした

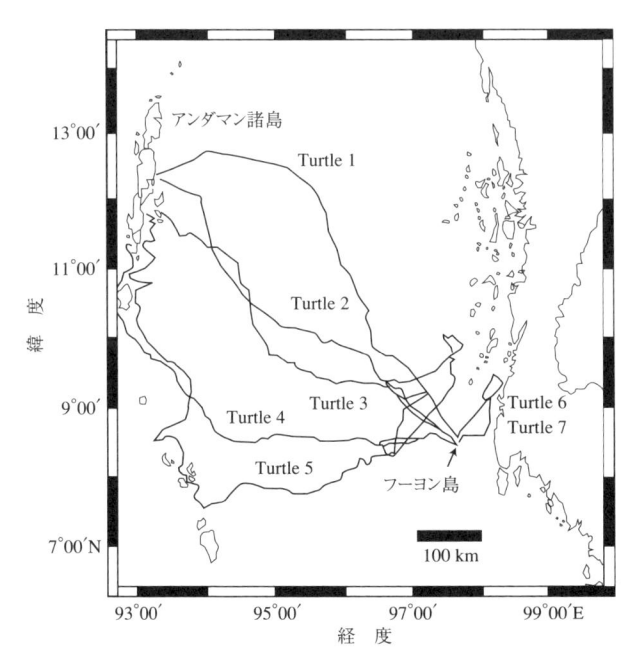

図7・3　衛星テレメトリーで追跡したフーヨン島で産卵するアオウミガメ雌成体の産卵後の回遊経路[1]

場合，実際のデータ解析にはLCAやLCBといった誤差が大きい可能性がある位置情報も利用せざるを得ない場合が多い．本研究で行った追跡においても，精度の保障されないLCA，LCB，LCZが，取得できた位置情報の多くを占めた．そこで誤差の大きいデータを排除するために，陸上にプロットされた点や連続する2点間の水平移動速度が5 km / 時を超える位置情報は，ロケーションクラスに拘らず解析から除外し，LCZを除くすべての位置情報を解析に用いた．アルゴスシステムによる追跡の結果，フーヨン島で産卵を終えた個体はインドのアンダマン諸島またはタイのプラトン島に向かって移動し，沿岸域で滞在した（図7·3）．これらの沿岸域が，フーヨン島の個体群の摂餌場と考えられる．したがって，摂餌場と繁殖場との間の移動期間は，Turtle 5 を除いてどちらも10日以内であったと考えられる．回遊は，おそらく海流などの環境の影響を受けると推測されるが，フーヨン島で産卵する個体の繁殖回遊に伴う移動距離や時間は他の個体群と比べて短い．したがって，この個体群の繁殖回遊に伴うコストの季節差が小さいことが，フーヨン島で見られる通年産卵の維持に貢献していると考えられる．しかし，移動にかかわるコストをより正確に見積もるためには，より精度の高い位置情報を取得するのに加えて，回遊中の鉛直方向の動きや運動量を測定しなければならない．最近になって，アルゴスシステムをキャリアに各種センサー情報を取得する技術が発展しつつある[11]．これらの技術を利用してより詳細に回遊コストを見積もることが今後の課題となる．

§3. 繁殖成果と潜水行動

ウミガメは産卵後に子の保護を行うことはないので，繁殖成果（産卵数と産卵回数）を最大化させることが最も重要となる．この繁殖成果は，おそらく個体の繁殖能力（体の大きさ，年齢など）と外部環境要因（回遊コスト，餌環境など）に影響を受けていると考えられる．筆者らが研究を行っているタイのアンダマン海側では，1年の気候は一般的に乾季（11月から4月）と雨季（5月から10月）に大きく分かれる．乾季はアジア大陸から吹く乾いた風により特徴付けられ，雨季はモンスーンの発生による激しい雨と風により特徴付けられる．フーヨン島で産卵する個体群は，繁殖回遊を行う海域と繁殖場周辺海域は浅海域が少なく，アオウミガメの餌となる海草類が殆ど存在しないため，おそ

らく繁殖期間中にエネルギーを獲得することができない．したがって，摂餌期に蓄えたエネルギーをいかに効率よく使うかが繁殖にとって重要となり，これら乾季・雨季といった気候の変化は個体の繁殖にとって大きな要因であると予測される．

　繁殖期間中に摂餌が行えない個体群の繁殖に係るコストは，①繁殖回遊に要するエネルギー，②インターネスティング期間に繁殖場周辺での滞在に要するエネルギー，③砂浜に上陸して一連の産卵行動を行うのに要するエネルギー，④卵を生成するのに必要なエネルギーに分けられる[12]．§1．で紹介した産卵調査より，個体の大きさは乾季と雨季との間で差がないことがわかった．ところが，これらの個体の繁殖成果を調べたところ，産卵成果は乾季の方が雨季よりもよいという結果が得られた（図7・4，7・5）．この結果は，摂餌期で蓄積したエネルギーの配分具合が乾期と雨季で異なっていることを示唆している．上にあげた繁殖に係るコストを見積もるためには，何らかの方法でウミガメの行動を計測しなければならない．特に①と②のエネルギー消費を見積もるためには海洋での行動を計測する

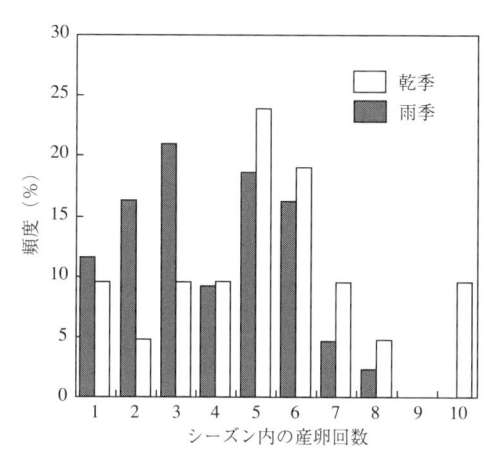

図7・4　乾季・雨季における個体の産卵回数の頻度分布図（Yasuda *et al*, unpublished）

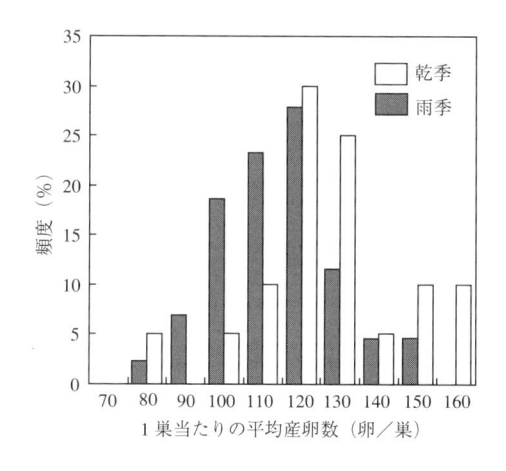

図7・5　乾季・雨季における個体の1巣当たりの産卵数の頻度分布図（Yasuda *et al*, unpublished）

必要がある．§3.では，ウミガメの海洋での行動を計測する方法の1つとして，データロガーを利用した潜水行動の記録について紹介する．

　§2.で行った衛星テレメトリーは，個体の水平移動を追跡することができるが，水中で個体がどのように振舞っているかは知ることができない．また，極軌道衛星が送信機からの信号を受信できるところになければ位置を測位することができないため，連続的なデータを取得するには向いていない．一方，近年動物の行動研究に用いられているデータロガーは水深・水温など各種センサーから取得したデータをメモリに蓄積するため，測器回収の必要があるものの連続的な行動データを取得するのに適している．そこで，フーヨン島で産卵するアオウミガメの行動を深度データロガーを用いて取得し，産卵調査で得られた繁殖成果との関係について調べた．

　2003年から2004年の乾季・雨季において，アオウミガメのインターネスティング中の潜水行動を記録するために，深度データロガー（UME190-DT；リトルレオナルド社製）を用いた行動調査を行った．深度の測定間隔は1秒であった．フーヨン島で産卵するアオウミガメは1シーズンの繁殖期に産卵を約14日間隔で平均5回繰り返すため，1〜3回目の産卵時にデータロガーを装着すれば，次回産卵時にデータロガーを高い確率で回収することができる．そこで，シーズンの初回産卵を終えたアオウミガメ雌個体の背甲上にデータロガーをエポキシ樹脂で装着し，次回産卵時に回収してデータを得た．

　3月，6月，8月にそれぞれ産卵した計3個体から深度データを得た．すべての個体がインターネスティング中は潜水行動を絶えず繰り返していた（図7・6）．インターネスティング期間の長さは平均13.3 ± 2.9日であり，この期間中に平均772.0 ± 47.8回の潜水を行っていた．個体の平均潜水時間は16.70 ± 12.83から22.66 ± 17.77分であり，乾季と雨季との間で顕著な違いは見られなかった．一方，個体の平均潜水深度は7.64 ± 7.18から23.1 ± 16.1mであり，乾季から雨季に移行するにつれて潜水深度が深くなる傾向が見られた（図7・7）．潜水時間に対する目的深度滞在時間（最大潜水深度の90％以上の深さに滞在した時間）の割合（以下，潜水効率と呼ぶ）を調べたところ，個体の潜水効率は乾季から雨季に移行するにつれて悪くなるという傾向が見られた（図7・7）．

　摂餌できない環境で産卵するアオウミガメは，ボトムタイムの長いU字潜水

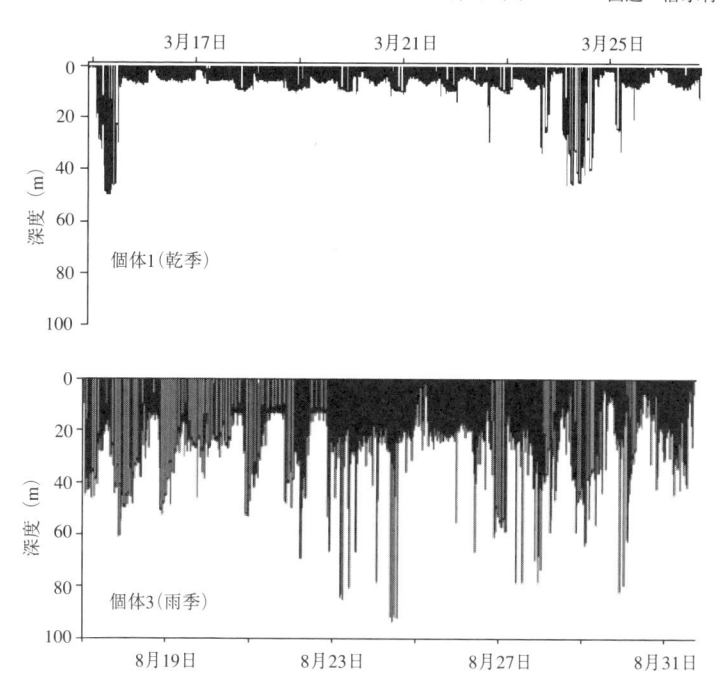

図7・6 深度データロガーで取得したアオウミガメのインターネスティング期間中における深度の時系列図（Yasuda *et al*, unpublished）

を行ってエネルギーを節約していると考えられている[12]．この期間に行われる潜水行動は，繁殖期間のエネルギー消費を左右する重要な要因となる．本研究で調査した地域は，雨季になるとモンスーンの発生により海況がしばしば悪化する．本研究において，乾季よりも雨季の方が潜水効率の悪い潜水を行っているという結果を得た（図7・7）．これは，①U字潜水中の休息時間が短くなったことと，②U字潜水以外の潜水の割合が増えたことによるものと考えられる．アオウミガメの潜水行動には数タイプの潜水行動が観察されているが，アオウミガメの休息潜水はU字潜水により成し遂げられていることが多い[12, 13]．したがって，乾季から雨季にかけて見られた潜水効率の減少は，休息時間が多くても同程度かそれ以下になったことを示している．乾季（3月）から雨季（9月）に移行するにつれて個体の最大潜水深度は深くなっていった（図7・7）．フーヨン島周辺には，浅海域が非常に少なく，少しの水平移動（1 km以内）で水深

が数mから百数十mまで変化する．したがって，海が荒れればアオウミガメは波の影響で水深の深い場所まで流される可能性は高い．また，乾季個体が利用していた浅海域では，たとえアオウミガメが海底にとどまっていたとしても波や流れの影響を受けてしまい，十分な休息を得ることができないのかもしれない．以上より，雨季の海況悪化がU字休息潜水を減少させ，産卵以外のエネルギーの消費を増大させている可能性が示唆される．今後，このことを明らかにするために，加速度データロガーなどを利用してインターネスティング中の運動量をより正確に見積もることが課題となる．

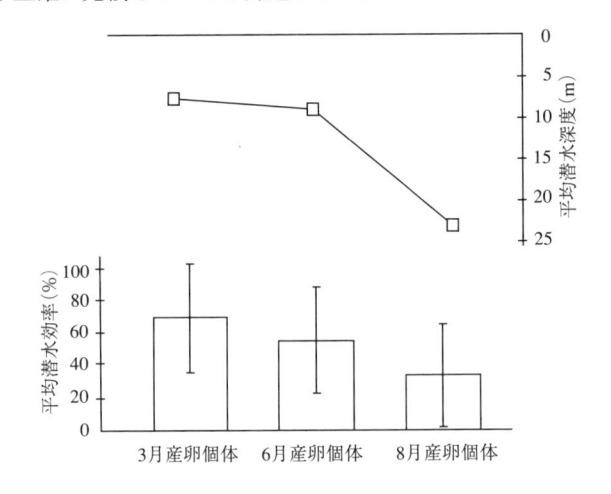

図7・7　3月，6月，8月に産卵した個体の平均潜水深度と平均潜水効率（Yasuda *et al*, unpublished）

§4．テレメトリー手法の爬虫類への展開

本稿では，従来から行われているオーソドックスな産卵調査と近年技術発展が著しい衛星テレメトリーやデータロガーを利用した行動調査を組み合わせたウミガメ類の生態研究を紹介した．一部の種を除いて，爬虫類は直接観察ができるので，水圏生物と比較して研究は進んでいるが，詳細な行動は依然捉えられていない．特に，カメ目やワニ目のような水生爬虫類や生息範囲の大きな爬虫類の行動研究は大きく立ち遅れている．したがって，爬虫類に対してもテレメトリーやデータロガーを用いたアプローチは非常に有効であるのは間違いな

い．大型のワニ目やカメ目のように頑丈な甲羅や鱗を有する爬虫類は，送信機やデータロガーといった測器を動物に装着させる研究を比較的適用させやすい．しかし，爬虫類の9割以上を占めるトカゲ目はヘビのように形態が特殊な種や小型な種が多い．したがって，爬虫類に対してテレメトリー技術を展開させるには，送信機の更なる小型化と測器装着に関する精力的な研究が重要になると考えられる．

文献

1) T. Yasuda, H. Tanaka, K. Kittiwattanawong, H. Mitamura, W. Klom-in, and N. Arai: Do female green turtles exhibit reproductive seasonality in a year-round nesting rookery?, *J. Zool. (Lond.)*, **269**, 451-457 (2006).

2) R. A. Ackerman: The nest environment and the embryonic development *of sea turtles*, The biology of sea turtles, (Ed. by P. L. Lutz, and J. A. Musick), Boca Raton, FL, CRC press, 1997, pp. 83-106.

3) A.F. Carr, and H.Hirth: Social facilitation in green turtle siblings, *Anim. Behav.*, **9**, 68-70 (1961).

4) N. Mrosovsky: Nocturnal emergence of hatchling sea turtles: control by thermal inhibition of activity, *Nature*, **220**, 1338-1339 (1968).

5) J. D. Miller: Reproduction in Sea turtles, *The biology of sea turtles*, (Ed. by P. L. Lutz, and J. A. Musick), Boca Raton, FL, CRC press 1997, pp. 51-82.

6) B. J. Godley, A.C. Broderick, F. Glen, and G. C. Hays: Reproductive seasonality and sexual dimorphism in green turtles, *Mar. Ecol. Prog. Ser.*, **226**, 125-133 (2002).

7) D. W. Owens, and Y. A. Morris: The comparative endocrinology of sea turtles, *Copeia*, 1985, 723-735 (1985).

8) C. J. Limpus: The green turtle, *Chelonia mydas*, in Queensland: breeding males in the southern Great Barrier Reef, *Wildl. Res.*, **20**, 513-523 (1993).

9) J.R. Wood, and F.E. Wood: Reproductive biology of captive green turtles Chelonia mydas, *Am. Zool.*, **20**, 499-503 (1980).

10) Argos: User's Manual. Toulouse, CLS/Service Argos 1996.

11) T. Yasuda and N. Arai: Fine-scale tracking of marine turtles using GPS-Argos PTTs, *Zool. Sci.*, **22**, 543-547 (2005).

12) G.C. Hays, C.R. Arams, A.C. Broderick, B.J. Godley, D.J. Lucas, J.D. Metcalfe, A.A. Prior: The diving behavior of green turtles at Ascension Island, *Anim. Behav.*, **59**, 577-586 (2000).

13) S. Hochsheid, B.J. Godley, A.C. broderick, and R. P. Wilson: Reptilian diving: highly variable dive patterns in the green turtle, Chelonia mydas, *Mar. Ecol. Prog. Ser.*, **185**, 102-112 (1999).

III. 漁具の運動解析への応用

8. 刺網の運動解析と漁獲過程のモデル化

清 水 孝 士[*]

　漁具の動態に注目する動機はさまざまである．より効率的な漁獲を目指して改良を図るため，耐候性を知るため，漁獲水域を把握するため，などが動機としてまずあげられる．一方，水産資源の減少傾向が危惧されている近年は漁獲圧力の把握や資源量の推定を目的とした操業解析が重要性を増している．そのため今日では操業解析と漁獲過程の解明に不可欠な要素としての漁具の動態把握に注目が集まってきた．このような背景から高木ら[1]はPCを用いて漁網の水中動態をシミュレートするシステム "NaLA；Net-shape and Loading Analysis system" を構築している．このシステムは網地を仮想的なバネで相互に接続された質点の集合と見なし，運動方程式を解くことによりその運動を算定する手法である．既に，回流水槽[2-4]および造波水槽[5]を用いた模型実験により手法の妥当性が確認されている．筆者らは適用対象を刺網漁具として，このシステムを普遍的な漁具動態把握手法とすべくその実用化に取り組んできた[6]．その過程で課題としたのは模型網だけでなく実海域における原寸大の漁具についてもシミュレーション結果の妥当性を検証することである．そのためには，まず実現象を測定して検証に用いるデータを取得する必要があった．

　刺網漁具は魚を網目に刺させて漁獲するか，網地に絡ませて漁獲する機能をもった漁具とされている．大別すれば，錨などで移動しないように固定されるものと，固定されず潮流などによって流して使用するものに分類される．刺網は待ち受け型の漁具であり，その漁獲過程では漁具の空間的な展開が重要な意味をもっている．固定式の刺網では，通常，漁具の両端を固定されるために全体的な運動は小さいが，その反面，局所的な変形は大きくなる．逆に，非固定式の刺網では，潮流などの影響を受けて漁具は全体的に大きく運動する．した

---

[*] 北海道大学大学院水産科学研究院

がって，刺網の漁獲過程を解明するためには，局所的な変形と巨視的な運動の双方を把握する必要があると考えられる．一方，近年の計測機器の発達はめざましく，メモリー式の小型センサー（データロガー）を漁具に取り付けることにより，簡便にその動態を測定できるようになってきた．そこで，代表的な非固定式の刺網である流し刺網と，固定式の刺網で最も普及している底刺網を対象として，データロガーを用い，前者では漁具全体としての運動に，後者では局所的な変形に着目して漁具の動態を測定する実験を行なった．§1.ではそれらの実験の方法と測定されたデータについて述べる．§2.では測定データの利用方法として現象のモデル化とモデル検証への応用，さらには筆者らの研究の到達点とした漁獲過程の解明とモデル化について言及する．

§1. 刺網の運動解析
1・1 流し刺網の運動解析

流し刺網の動態については，葉室[7]，Yamaneら[8]による有線式の圧力計を用いた波浪中鉛直運動の計測，石田ら[9]のcorner reflectorを用いたradar観測による水平形状の測定がある．一方，近年の計測器性能の向上は，より詳細でかつ漁場の海況と同期した測定を可能にしている．特に，GPS（Global Positioning System；全地球測位システム）計測機器においては，2000年のSA[10]（Selective Availability；選択利用性）解除を契機に小型化と高性能化が急速に進んでいる．ここでは，メモリー式の小型GPS計測機器を用い，流し刺網の運動の測定と解析を試みた．実測の対象は北海道大学水産学部附属練習船おしょろ丸による資源量調査用の流し刺網とした．網は目合19～157 mmのナイロンテグス網地計49反で構成され，総延長は約2,500 mであった．操業は2003年の5～6月に図8・1に示す北西部北太平洋で計10回行なった．メモリー式小型GPS（GARMIN社製Geko201；48（W）×99（H）×24（D）mm，96 g）計10～14台をほぼ等間隔で浮子綱に配置し，各操業について約12時間にわたって1分ごとに網各部の緯度経度を測定した．同時に，操業船上においてADCP（古野電気社製CI-3500AD）により表層の流向流速を計測した．

測定値の例として，4回目（上）および5回目（下）の操業でGPSにより測定された網の水平位置と形状を1時間ごとに図8・2に示す．右側のスティックダ

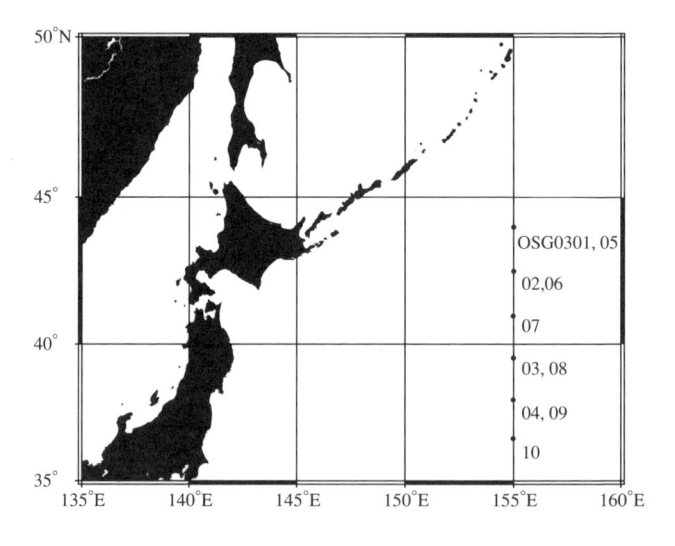

図8・1　流し刺網の操業位置

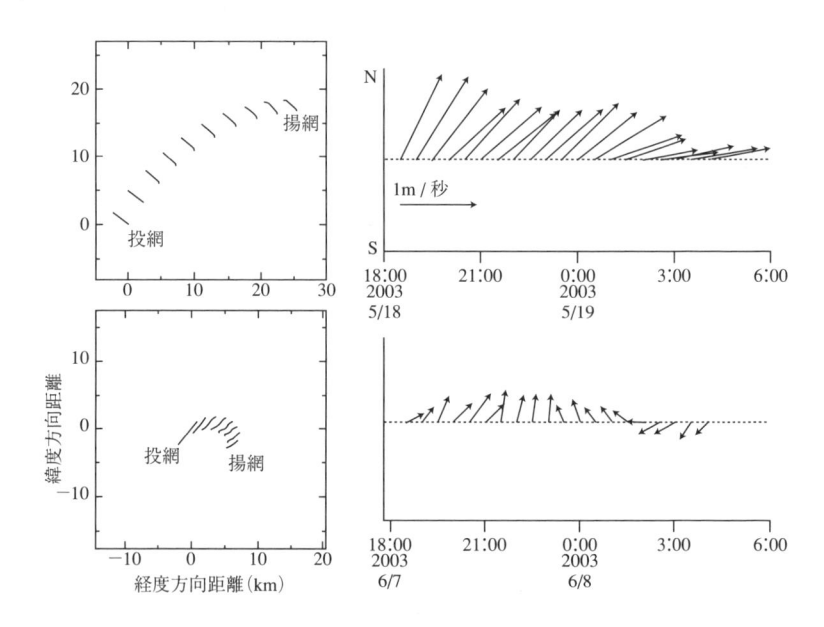

図8・2　4回目（上），5回目（下）の操業で測定された網の水平位置と流向流速．

イアグラムは同時期に観測された流向と流速を示している．この図に見られるように，測定された流し刺網の運動は潮流と強い相関をもっており，流速が大きい時には移動距離も大きく，小さい時には移動距離も小さくなっている．このような現象はすべての操業において観察され，約12時間で数kmから数十kmの移動が見られた．形状変化については，流況により差はあるが時間の経過とともに直線状から弧状になっていく傾向を示した．今回使用した小型GPSは，学術的利用を主としたものではなく，レジャー向けに市販されているものである．しかし，SAの解除にともないDGPS[10]（差動GPS）ユニットを用いなくても最大12個の衛星を捕捉することにより5～15mの単独測位精度が保証されている．したがって，流し刺網の漂流のような時空間スケールをもつ現象の測定に利用できる性能を備えていた．漁具の規模と比べてセンサーのサイズは十分に小さく，その動態に与える影響も大きくないと考えられる．流し刺網に限らず，まき網，延縄など数百m規模の漁具の動態を把握する手法としても，このようなメモリー式の小型GPSは有効であると考えられる．

1・2 底刺網の運動解析

底刺網は錨などで移動しないように水底に固定される漁具であり，浮子などの浮力により水底から立ち上がるように展開する．この漁具では，潮流による吹かれから生じる網の局所的な変形が漁獲の成立に大きく関わると考えられる．そこで，近年急速な発達と普及を見せているデータロガーを用い，底刺網

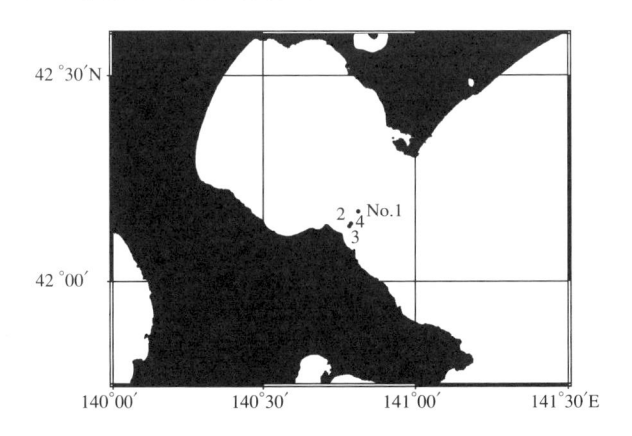

図8・3　底刺網の操業位置

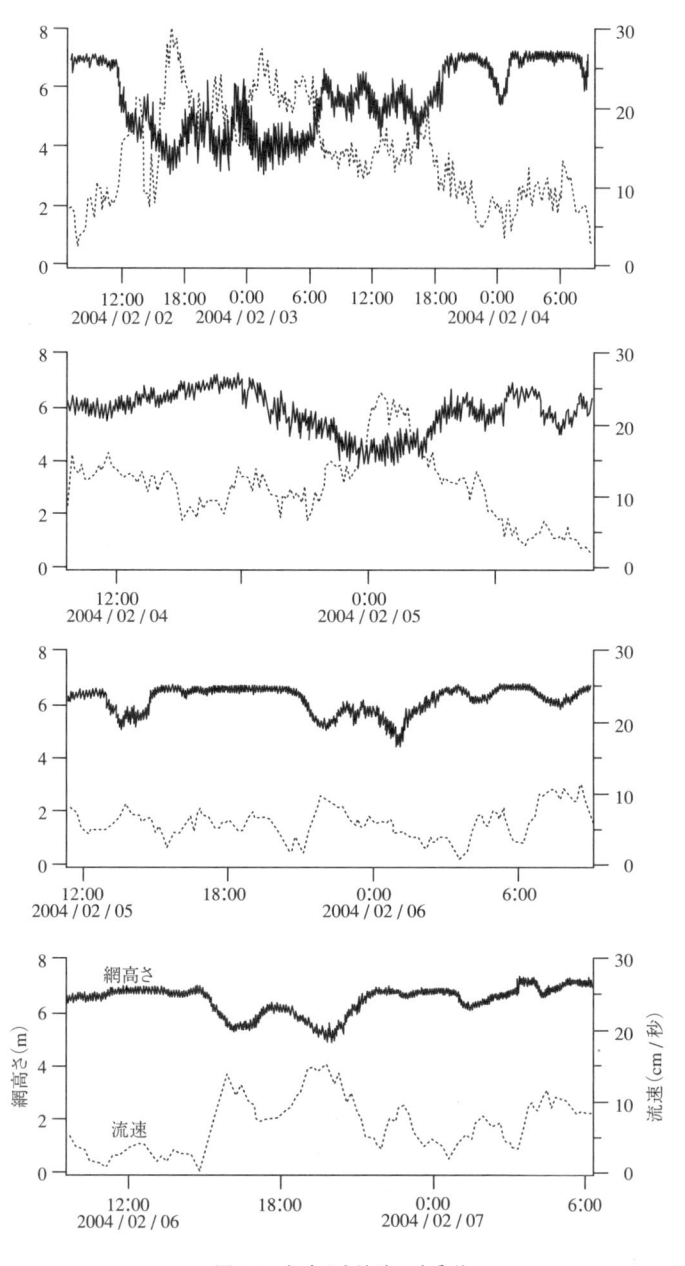

図8・4　網高さと流速の時系列

8. 刺網の運動解析と漁獲過程のモデル化

の鉛直的展開と流況との関係を測定した．実測の対象は北海道砂原漁協所属の商業漁船によるスケトウダラ底刺網とした．網は目合83 mmの網地計25反からなり，総延長は約800 mであった．対象とした操業は，2004年2月に図8・3に示す噴火湾口に位置する砂原町沖の水深80～100 mの海域で計4回行なった．2台のデータロガー（リトルレオナルド社製W190L-PD2GT；ϕ 20 × 114 mm，75 g）をそれぞれ浮子綱・沈子綱の中央に取り付け，各部の深度を測定した．同時に，メモリー式電磁流速計（アレック電子社製Compact-EM）をアンカに取り付けて底層の流向流速を計測した．

データロガーによりサンプリングインターバル1秒で測定された浮子綱と沈子綱の同時刻の深度の差を網高さとし，全4回の操業についてその値と流速の時系列を図8・4に示す．操業中5～30 cm/秒の流速が観測され，その大小に対応して網高さも3～7 mの範囲で変化していた．次に，図8・5に流速と網高さの関係を示す．この関係は網の展開方向と流れのなす角度（迎角）によって異なると考えられる．そこで，この図では迎角が90度，45度，0度の3つの場合に分けて示している．この図から，流速の増加につれて網高さが減少していることがわかる．また，減少率は迎角が90度に近いほど大きくなっている．これは，流れの速さに応じて着底した網が傾いたためと考えられる．Stewart[11]も浮子綱と沈子綱の水圧差をもとに底刺網の網高さを測定し，潮汐周期と同調してその値が大きく変化すること，網と流れの方向が垂直であるときに変化がもっとも大きいことを報告している．

今回の計測では，2台のデータロガーにより計測された深度の差分を解析に用いた．この処理により，設置水深や水面変動などにともなう誤差を相殺することができる．個々のデータロガー固有の機差については，同一深度における

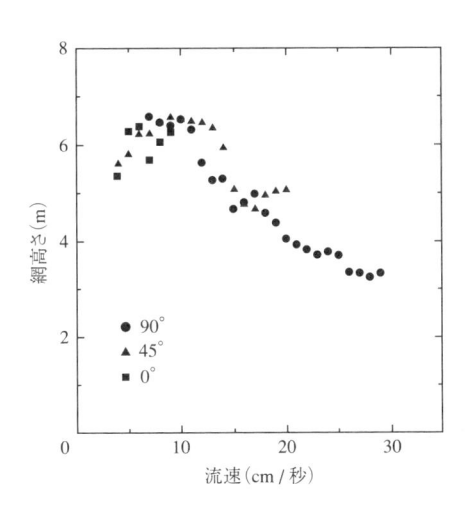

図8・5 流速と網高さの関係

測定値を用いて校正することが可能である．また，測定深度の分解能も約5 cmと小さいことから，今回計測した数m単位の鉛直運動を捉えるには十分な性能を有していると考えられる．一方，今回使用したデータロガーは，解析に用いた深度だけでなく，加速度や流速も計測可能なものである．しかし，加速度などのデータを利用する場合にはデータロガーを強固に漁具に固定する必要がある．刺網は網糸や網が比較的細く柔軟なため，そのような固定が難しかった．トロール網など剛性の高い部材を使用する漁具にこのデータロガーを取り付けることができれば，加速度などを用いたより高度な動態把握が可能となるであろう．

§2．現象のモデル化
2・1　漁具運動のモデル化

前節の実験の目的は，NaLAによるシミュレーション結果の妥当性検証に用いるデータを取得することであった．もちろん，実測値をそのまま漁獲過程の解析に用いることができれば理想である．しかし，漁具や操業形態は多様であり，そのすべてで漁具動態の測定を行なうことは困難である．資源の管理と保全を考えれば，あらゆる漁業の現場において操業解析が可能であることが望ましい．筆者らの研究では，NaLAを用いることにより，現象をモデル化して普遍的な漁具動態把握手法を構築するというアプローチを採っている．これによって漁具の仕様や漁場環境から実際の漁具の動態を推定することが可能となり，操業解析の適用場面が大きく広がることが期待される．本節では，得られた漁具動態情報の利用方法の1つとして，現象のモデル化とモデル検証における応用ついて述べる．

前節で示したように，刺網に限らず漁具の水中での運動は流れに強く影響されることが既往の研究でも指摘されている．また，漁具を構成する主要素である網糸に注目すれば，その運動は流体から受ける力，要素間の張力，重力，浮力に支配されていると考えることができる．これは，漁具の仕様や流れとこれらの力の関係が明らかになれば，その運動を推定することが可能であることを示唆している．高木らによって構築されたNaLAでは，質点の運動は以下の運動方程式で表される[1]．

8. 刺網の運動解析と漁獲過程のモデル化 93

$$(M + \Delta M)\alpha = T + F + W + B \tag{1}$$

ここで，M は質量，ΔM は付加質量，α は加速度，T は質点に作用する張力，F は流体力，W と B はそれぞれ重力と浮力である．運動方程式には離散化した質点ごとにあらかじめ異なる物理定数パラメータ（抗力係数や投影面積など）が与えられる．これらは構成部材の形状や大きさによって決定される．このようにすべての質点に関して導出された運動方程式を常微分方程式として連立して解くことにより，時空間における漁具の3次元的な運動が算定される．図8・6にNaLAによって算定された網形状の一例を示す．この計算結果は前節でとりあげたスケトウダラ底刺網と同じ仕様の網に，15 cm/秒の流れが網の展開方向に対して垂直に作用している場合のものである．このNaLAを用い，流し刺網と底刺網について，観測された漁場環境を基にその運動の再現を試みた．

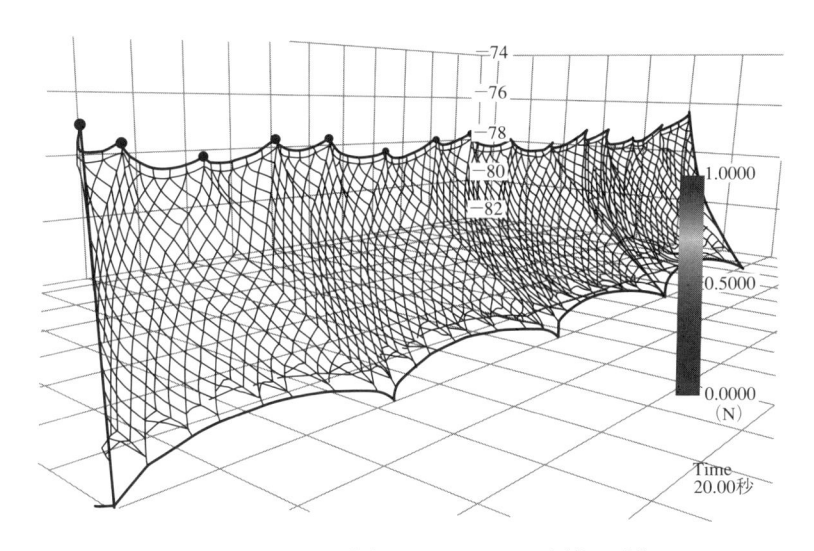

図8・6 NaLAにより算定されたスケトウダラ底刺網の形状

前節の流し刺網の4回目の操業について，図8・2右図に示した流向・流速の観測値をもとに算出した網の運動を図8・7に示す．この図から，実測値と計算値はよい一致を示していることがわかる．スケトウダラ底刺網についてもさまざまな流速値を与えてその形状を算定し，網高さと流速の関係について計算値と実測値を比較した．結果を図8・8に示す．この図は図8・5と同様に，流速と

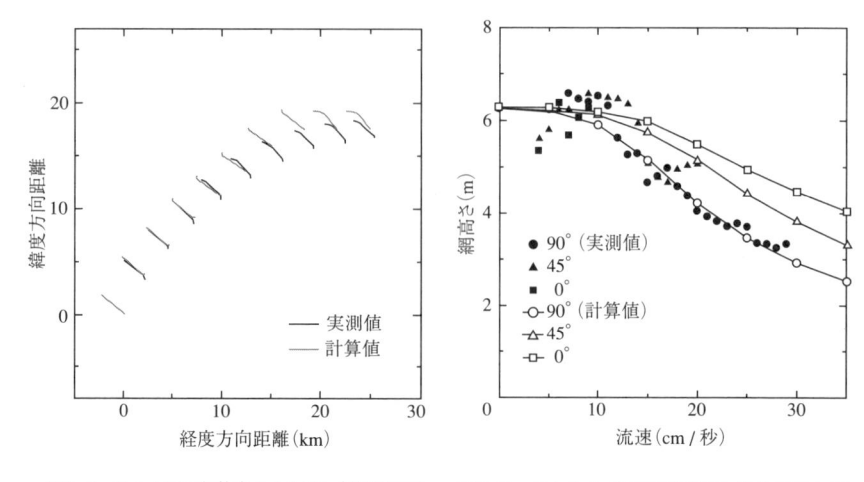

図8・7 NaLAにより算定された流し刺網の運動　　図8・8 スケトウダラ底刺網における流速と網高さの関係の実測地と計算値

網高さの関係を迎角が90度，45度，0度の3つの場合に分けて示したものである．若干のばらつきは見られるが，計算値は実測された傾向をよく再現していることがわかる．

　以上の結果から，NaLAは流し刺網と底刺網について，任意の漁具仕様と漁場環境に対応可能であることが示唆された．トロール網，まき網，定置網などのより複雑な網漁具についても，刺網のような平面的な網地の集合と見なせば同手法の適応が可能である．

2・2　漁獲課程のモデル化

　漁獲過程の解明においても，漁具の動態把握と同様発展性の観点から現象を普遍化（モデル化）するというアプローチが有効である．刺網については，これまでにDickson[12]や藤森ら[13]により漁獲過程モデルが提唱されている．しかし，筆者らの研究で着目した漁場における漁具の巨視的な運動や局所的な変形などが，漁獲の過程に及ぼす影響を考慮する段階には至っていない．また，生物の対漁具行動についても十分に解明されているとは言い難い．ここではあらためて刺網における漁獲成立の機構に注目し，漁具の形状，動態，生物の対漁具行動をパラメータに含む漁獲過程モデルの可能性について検討する．

　梨本[14,15]は刺網の漁獲機構を考察し，体型が紡錘型の魚の漁獲現象では，

自然遊泳している魚が網に接近，接触した後，接触が刺激となり，魚は強い運動を起こし，遊泳慣性力で網目に入り込み羅網が成立するとした．魚が網に接近し，接触した後，網目に入って行くときの運動に関連して，Slaemanら[16]はコイ，ニジマス，ティラピア，ブルーギルを用い，触刺激を受けた時の行動を観察した．その結果から，接触後の行動を前進と後退に分け，それぞれの発現確率を魚体上の相対的接触位置を変数とする正規確率分布関数として表している．また，網目に進入した魚が羅網するか否かについては，Kawamura[17]が開発し，松岡ら[18, 19]が改良を加えた方法（KM法）がある．この手法はエラから最大胴周部までの胴部で魚が網目に保持されると仮定し，羅網の成否を網目周長とエラ周長，最大胴周長の大小関係から決定する．これらの研究結果は，任意の個体に対して魚体上の接触部位から網目への進入率（進入尾数/接触尾数）を，さらに魚体サイズと網目周長から羅網率（羅網尾数／進入尾数）を確率的に推定できることを示唆している．魚体上の接触部位は，魚のサイズ，進入位置，進入方向が与えられれば，離散質点系としてモデル化された網形状などを用いれば幾何学的に求められる．筆者ら[20]は上述の計算プロセスを一種の漁獲過程モデルと捉え，その実用性を検討するために水槽実験と並行してNaLAにより算定された網形状を用いてモデル化したスケトウダラを進入させる数値実験を行なった．その結果逃避率と網目通過率については水槽実験結果に近い値が推定されたが，羅網率についてはエラが機能する絡み漁獲を考慮すべきであることが示唆された．

§3. 今後の課題と展開

近年のテレメトリー技術の向上により，漁具，生物双方の情報が詳細に得られるようになっている．漁獲過程の解明を目的とした利用を例にすると，生物が漁具に遭遇する過程では漁具の水平，鉛直的展開と生物の自然な遊泳行動が重要である．この過程では，漁具については小型のGPS機器，生物についてはプロペラ付のデータロガーで測定される遊泳速度，遊泳深度，また超音波コード化ピンガーなどを用いて得られる行動範囲情報を利用することによって遭遇率などを推定できる可能性がある．また，急旋回，急加速など生物の特徴的な対漁具行動についても，加速度データロガーなどを用いることにより量的に

計測できる可能性がある．このように漁獲過程に注目した研究に限らず，今後はテレメトリー手法により得られた情報を如何に有効に利用するかが重要となるであろう．

文　献

1) 高木　力・鈴木勝也・平石智徳：網地の形状と運動に関する数値シミュレーション手法の開発，日水誌，**68**，320-326 (2002)．
2) K. Suzuki, T. Takagi, T. Shimizu, T. Hiraishi, K. Yamamoto, and K. Nashimoto: Validity and visualization of a numerical model used to determine dynamic configurations of fishing nets, *Fish. Sci.*, **69**, 695-704 (2003)．
3) T. Takagi, T. Shimizu, K. Suzuki, T. Hiraishi, Y.Matsushita, and T.Watanabe: Performance of "NaLA": a fishing net shape simulator, *Fish. Eng.*, **40**, 125-134 (2003)．
4) T. Takagi, T. Shimizu, K. Suzuki, T. Hiraishi, and K. Yamamoto: Validity and layout of "NaLA" : a net configuration and loading analysis system, *Fish. Res.*, **65**, 235-243 (2004)．
5) T. Shimizu, T. Takagi, K. Suzuki, T. Hiraishi, and K. Yamamoto: Refined calculation model for "NaLA", a fishing net shape simulator, applicable to gill nets, *Fish. Sci.*, **70**, 401-411 (2004)．
6) T. Shimizu, T. Takagi, H. Korte, T. Hiraishi, and K. Yamamoto: Application of NaLA, a fishing net configuration and loading analysis system, to drift gill nets, *Fish. Res.*, **76**, 67-80 (2005)．
7) 葉室親正：漁具測定論．槙書店，pp.229-312 (1959)．
8) T. Yamane, K. Nashimoto, K. Yamamoto, and O. Sato: Field Experiments to Test a Method of Measuring Fishing Gear Motion, *Bull. Fac. Fish. Hokkaido Uviv.*, **32**, 169-175 (1981)．
9) 石田正巳・佐野典達・三島清吉・斉藤昭二：オホーツク海域における鮭鱒流刺網の網成りの変化過程の観測例，北大水産彙報，**15**，235-242 (1965)．
10) 土屋　淳・辻　宏道：GPS 測量の基礎，日本測量協会，pp.44-45, 109-134 (1999)．
11) P. A. M. Stewart: Measurement of the Effects of Tidal Flow on the Headline Heights of Bottom-Set Gillnets, *Fish. Res.*, **6**, 181-189 (1988)．
12) W. Dickson : Cod Gillnet Simulation Model, *Fish. Res.*, **7**, 149-174 (1989)．
13) 藤森康澄・東海　正・梁　振林・松田皎：日水誌，**61**，868-873 (1995)．
14) 梨本勝昭：網刺し現象の基礎的研究（第3報），北大水産彙報，**15**，221-233 (1965)．
15) 梨本勝昭：刺網の漁獲選択性；漁具の漁獲選択性（日本水産学会編），恒星社厚生閣，pp.65-81 (1979)．
16) M. Sulaeman・小倉芳子・松岡達郎・川村軍蔵：触刺激に対するξポイントと網目に遭遇した魚の前進行動への影響，日水誌，**65**，991-997 (1999)．
17) G. Kawamura: Gill-net mesh selectivity curve developed from length-girth relationship, *Nippon Suisan Gakkaishi*, **38**, 1119-1127 (1972)．
18) 松岡達郎・杜　勝久・斉藤良仁：刺し網のサイズ選択性の計算とその水槽実験による検証，日水誌，**61**，880-888 (1995)．
19) 松岡達郎：魚類に対する刺網の理論的選択曲線；漁具の選択特性の評価と資源管理（東海　正・北原　武編）．恒星社厚生閣，pp.20-29 (2001)．

20) 清水孝士・高木 力・平石智徳・山本勝太郎：刺網における漁獲プロセスの物理モデル，数理水産科学, 3, 86-91 (2005).

9. 曳網採集具の運動解析

板 谷 和 彦＊

　海洋生物の分布密度を推定する方法として採集具による採集がある．その中でも曳網採集具は用途に応じて数多く開発されてきた[1-4]．最近では，国内においても表中層に分布し遊泳力のある仔稚魚の採集を目的とした大型の採集具（フレーム型トロールネット）が開発されるようになり[5,6]，このような採集情報は仔稚魚期の初期減耗過程の解明や加入資源量の指標として使用される他にも，生態系をベースに多種の生物量を考慮したモデル研究でも重要視されてきている．

　これらの採集具は，大量の水を濾過でき網前での魚類の網口回避行動を軽減する目的から，プランクトンネットに比べて規模が大きく，金属製のフレームなどで網口を形成されるタイプが多い[5-10]．しかしながら，網口回避による採集密度・種・サイズ組成の偏りは無視できない課題とされ[3,11]，採集情報の定量化が求められている．

　今回，テレメトリー手法を活用して採集具による生物情報を標本採集から定量採集情報へ発展させてみたい．

§1. 採集具へのテレメトリー手法の活用

　表中層域に分布する仔稚魚を対象とする場合，成長にともなって分布密度が低くなり分布海域が卵仔魚に比べて格段に広がる．これをネットサンプリングだけで現存量を推定できることは少なく，計量魚群探知機と併用することで海域全体に引き延ばすのが有効な方法と考えられる．この際，採集結果と音響計測結果との分布密度や種・サイズ組成のすり合わせ[12]を行う必要があるので採集した水深を知っておく必要があり，これには水深データロガーを用いればよい．次に，表中層域の生物の分布密度を定量的に捉えるには濾水体積の正確な計測と採集効率の種・サイズごとの把握が必要となる．濾水体積は曳網方向に

＊北海道立中央水産試験場

対する網口の投影面積と進んだ距離との積で表される．これまで，防水の角度センサーを製作するとかなり高額となったが，最近では生物の行動を調べるときに使用される加速度データロガーが量販されるようになったのでこれを用いることができる．網の進んだ距離の計測にはプランクトン採集では一般に針式の濾水計が使用されてきたが[13]，プロペラロガーがあれば距離を簡単に記録することができる．また，採集効率を見積もるには曳網速度を把握する必要があり，これにもプロペラロガーを用いることができる．

テレメトリー器機については小型化や計測項目の多様化が進み，1つの媒体で数項目を記録できる機種（たとえば，水深，水温，プロペラ，加速度）も開発され，これまで搭載が困難だった採具にも簡単に設置できるようになった．今回は，上にあげた項目を計測するために図9・1に示したデータロガー（Little Leonardo社製，W380L-PD3G）を採集具（FMT：網口2×2m，網長さ8m）の網口に取り付け，上に述べた項目について分析し，実際の資源調査でのデータロガーの活用事例を紹介する．

図9・1 実験に使用したフレームトロールネットFMT（網口2×2m）と各計測に用いたデータロガー（W380L-PD3G）．データロガーを網口上部に水平となるように設置し，事前にプロペラ回転数と流速，加速度と傾斜角度の関係を校正してある．

§2. 調査での活用事例

2・1 曳網水深の軌跡（深度D）

深度データは，採集具の到達水深や水平曳きの曳網層を把握するのに用いられる．データロガーで記録された水深は時系列データなのでエコーグラム解析ソフトで簡単に読み込むことができ，採集結果と計量魚探の反応量との関連を即座に見ることができる（Echoview 3.45 を使用 SonarData 社）．図9・2 はスケトウダラ稚魚の現存量調査で記録されたエコーグラム（Simrad EK60，周波数38kHz）と1分間隔で記録された採集具の網水深を合わせた図である．ス

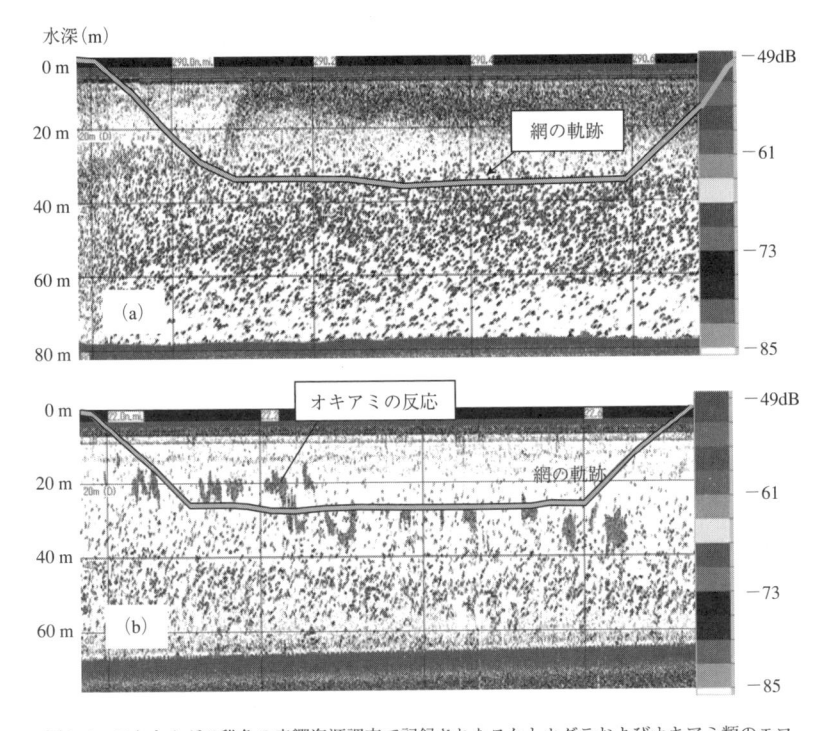

図9・2 スケトウダラ稚魚の音響資源調査で記録されたスケトウダラおよびオキアミ類のエコーグラム（周波数38kHzのSv値）とFMTの曳網水深の軌跡（船速3 kt）．採集結果からエコーグラムの粒状の反応はスケトウダラ（a），パッチ状の反応はオキアミ類（b）と考えられた．
（a）濾水体積1,000 m^3 当たりスケトウダラが3.7個体，プランクトンが75.9 g（湿重量）採集された．
（b）スケトウダラは採集されず，オキアミ類が1,000 m^3 当たり625.8 g（湿重量）と多量に採集された．

ケトウダラ稚魚の反応および他の特徴ある反応（ここでは濃密なオキアミのパッチ）をネットサンプリングでそれぞれ確認することができ，調査対象のスケトウダラ稚魚と他の生物の反応を分離することが可能となった．

2・2 濾水体積（加速度G・プロペラP）

濾水体積は曳網方向に対する網口の投影面積と採集具が進んだ距離との積で表される．投影面積は網口面積と姿勢角度により決定され，曳網方向に対して垂直のときに最大となる．フレーム型トロールネットの前身であるタッカートロール，RMT，MOCNESSでは曳網速度によって網口の姿勢角度が変化し，たとえばMOCNESSでは曳網速度が2 ktのときに姿勢角度が45°となるとされている[9]．このように網口の姿勢角が変化すれば，濾水体積を正確に推定できず大きな誤差要因になると考えられる．フレーム型トロールネットでは試作段階で姿勢角度が垂直となるように設計されているが，これまでに現場で確認されていなかった．そこで，網口に加速度データロガーを取り付け，曳網時の網口姿勢角を計測した．また，同時にプロペラロガーにより網口が進んだ距離を求めた．

図9・3は採集調査時の各操作とデータロガー（W380L-PD3G）で計測された網の運動をまとめた図である．操作条件として船速を3 kt，ワープ長を60 m，ワープの繰り出しおよび巻き揚げ速度を0.3〜0.35 m／秒とした．網口の姿勢は，目的水深の20 mまでの沈降時には垂直よりやや下方向に傾いており，水平曳網中はほとんど垂直（平均89°）で安定した姿勢であり，巻き揚げ時には逆にやや上方向に傾いていることがわかった．このことから，今回使用したフレーム型トロールネットでは網口姿勢の変化は濾水体積を見積もる際の大きな誤差要因とならないものと考えられた[14]．

次に曳網距離を考えると，水面下に一様に分布している生物の密度を求めるときには採集具が水中に入ってから出てくるまでの曳網距離を計測すればよい．しかし，仔稚魚の場合には動物プランクトンなどの小型生物と同様に，ある水深だけに帯状に分布する（音響散乱層SSL：Sound Scattering Layer）ことが多々ある．この場合，仔稚魚を採集しているときの濾水体積が必要となる．これまで一般に用いられてきた針式濾水計では，目標深度までの往復の曳網体積で平均化された分布密度となるので過少推定となる恐れがある．ここで，

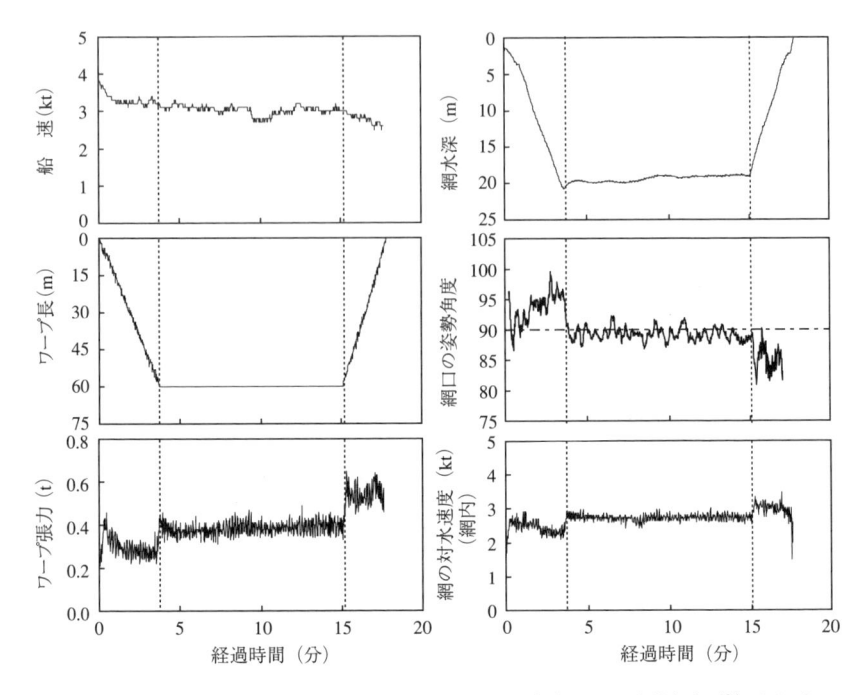

図9・3　FMTの各操作とデータロガーで計測された水深（m）と網口姿勢角度（°）および対水速度（kt）．縦軸の点線はワープ繰り出し停止および巻き揚げ開始を示す．網口姿勢角度は進行方向に対する傾きが90°以上で下向き，90°以下で上向きとなる．

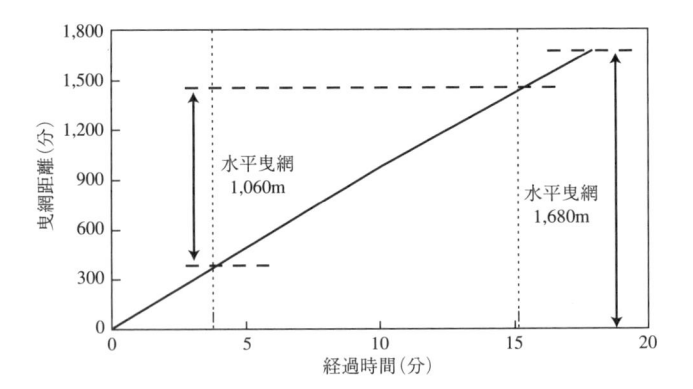

図9・4　経過時間とFMTの曳網距離（m）．全曳網区間の濾水体積は水平網区間に比べて1.6倍となることがわかる．

図9・3のプロペラロガーのデータから採集具の曳網距離を求め図9・4に示した．採集具が水中に入ってから出てくるまでの全曳網距離が1,680 mとなったのに対して，水平曳網距離は1,060 mとなり1.6倍の差が生じることがわかる．特にSSLの分布水深が深い，水平曳網時間が短いほどその度合いは大きくなると考えられる．したがって，プロペラロガーを用いれば時刻ごとの回転数が記録されるので，たとえばエコーグラムを見ながら採集具が対象魚群に遭遇している間の距離を切り取って推定することもできる．

2・3 採集効率（プロペラP）

曳網採集具の採集効率は対象生物のサイズに対して十分に網目が小さい場

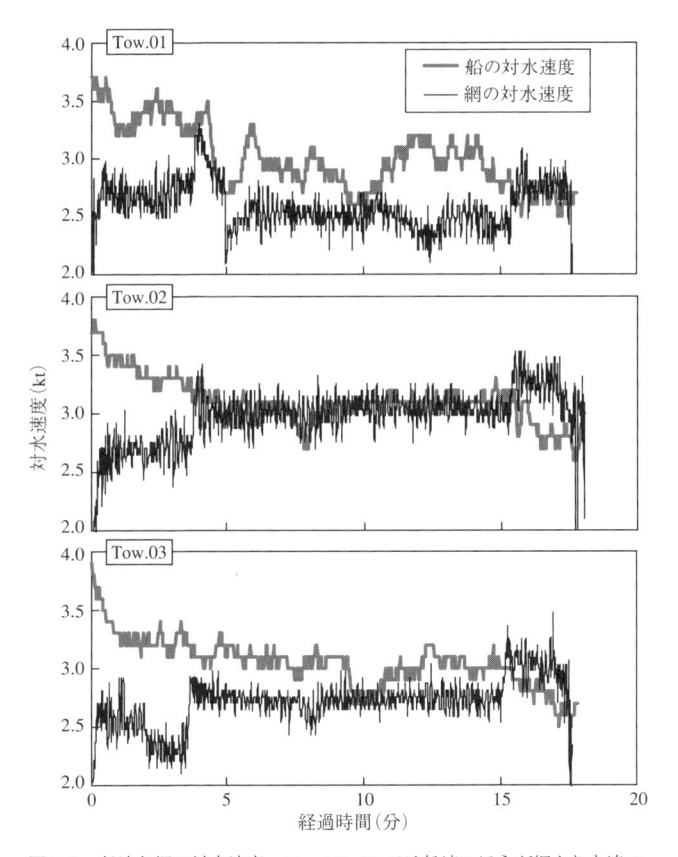

図9・5 船速と網の対水速度．Tow.01, 03では船速のほうが網よりも速いが，Tow.02では船と網の速度がほぼ一致している．

合，Net avoidance による入網率（生物が網口を回避せずに網内に入る割合）で決定される．Barkley はこの入網率を網口の大きさ R，網の速度 V，生物が網の接近を察知して回避行動を始める網からの距離 X_0 と逃避速度 U の4つのパラメータを使ってモデル化した[15]．採集具の対水速度 V が計測できれば，残りの未知パラメータは2つとなるので，異なる曳網条件による比較採集試験により残りのパラメータを推定し間接的に入網率を求められる[14–18]．

図9・3では，水平曳網中の船速が平均で1.55 m/秒，網の対水速度が平均で1.40 m/秒となり網の対水速度のほうが0.15 m/秒遅いことがわかった．これはデータロガーを網口に設置しているので Bow-wave effect[1]（網口前の水圧変化）による影響と考えられるが，この他の曳網では船速と対水速度が近い値となることもあるので（図9・5），潮流の影響も考えられる．今後は複数のデータロガーを用いた網内外の速度の同時計測を予定している．

種やサイズ組成を調べるには高い採集効率での調査が望ましいので，一定で速い曳網速度での採集が求められる．しかしながら，フィールドでは船のある表層と採集具のある中層の潮流が異なり船速よりも網の対水速度が遅くなることや，巻き揚げ時の船速の減速で採集具の対水速度が遅くなることが予想される[6]．中層トロールでは速度とワープ張力の間には相関があり指数関数で表されることが多く[19]，フレームトロールネットでも対水速度とワープ張力との間には相関が見られた（図9・6）．したがって，船上にて対水速度を知る指標としてワープ張力が考えられ，これをモニターしながら船速やワープ巻き揚げ操作をするのがよいだろう．

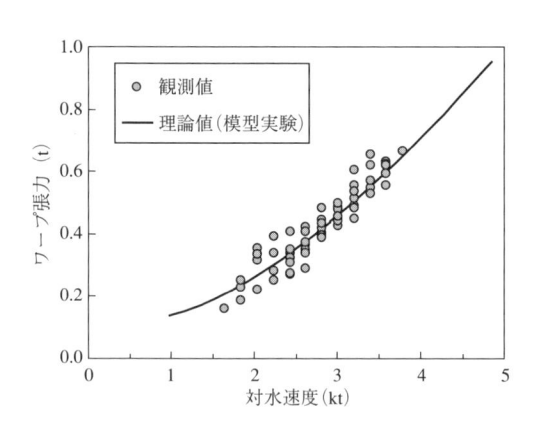

図9・6　FMTの網の対水速度とワープ張力の関係．実線は模型網を使った水槽実験による推定値．

§3. 今後の展望

漁具や採集具へのテレメトリーの活用は運動解析だけではなく，静止画・動画データロガーなどを用いた生物の対網行動の直接観察にも貢献できる．すなわち，上に記述した生物が網の接近を察知して回避行動を始める網からの距離や逃避速度の計測や，音響反射で重要となる遊泳姿勢角の観察も可能であり今後の発展が期待される．

文献

1) P.E. Smith and S.L. Lichardson: Standard techniques for pelagic fish egg and larva surveys, *FAO Fisheries Technical Paper*, 175, 100pp (1977).
2) 元田 茂：プランクトンの採集，海洋プランクトン（丸茂隆三編），東京大学出版，1974, pp191-225.
3) 大関芳沖：卵稚仔調査法，TAC管理下における直接推定法－その意義と課題（浅野謙治編），恒星社厚生閣，2000, pp70-80.
4) P.H. Wiebe and M.C. Benfield: From the Hensen net toward four-dimensional biological oceanography, *Progress in Oceanography*, 56, 7-136 (2003).
5) Y.Oozeki, F.Hu, H.Kubota, H.Sugisaki, and R. Kimura : Newly designed quantitative frame trawl for sampling larval and juvenile pelagic fish, *Fish Sci.*, 70, 223-232 (2004).
6) K.Itaya, Y.Fujimori, D.Shiode, I.Aoki, T.Yonezawa, S.Shimizu, and T.Miura: Sampling performance and operational quality of a frame trawl used to catch juvenile fishes, *Fish Sci.*, 67, 436-443 (2001).
7) H. S. J. Roe and D. M. Shale : A new multipul rectangular midwater trawl (RMT1+8M) and some modifications to the institute of oceanographic science' RMT1+8, *Mar.Biol*, 50, 283-288 (1979).
8) P.H.Wiebe, A.W.Morton, A.M.Bradley, R. H. Backus, J. E. Craddok, V. Barber, T.J. Cowles, and G. R. Flierl: New developments in tha MOCNESS, an apparatus for sampling zooplankton and micronecton, *Mar. Biol.*, 87, 313-323 (1985).
9) D. D. Sameoto, L. O. Jaroszynski, and W.B.Fraser.: BIONESS, a new design in multipul net zooplankton samplers, *Can. J. Aquat Sci.*, 37, 722-724 (1980).
10) R.D. Methot: Frame trawl for sampling pelagic juvenile fish, *CalCOFI Report*, 27, 267-278 (1986).
11) 東海 正：標本採集具の効率，TAC管理下における直接推定法－その意義と課題（浅野謙治編），恒星社厚生閣，2000, pp. 81-91.
12) D.R. Gunderson : Survey of fisheries resources, John Wiley & Sons, In. New York, 1993, pp.68-128.
13) 森 慶一郎：浮魚類卵・稚仔魚採集調査マニュアル（久米 漸編），中央水産研究所，1992, pp.1-7.
14) 板谷和彦： FMT（ Framed Midwater Trawl）の開発と定量採集法に関する研究．博士論文，北海道大学，2002, pp156.
15) R. A. Barkley: Selectivity of towed-net samplers, *Fish Bull.* 70, 799-820 (1972).
16) G.I.Murphy, and R.I.Clutter: Sampling anchovy larvae with a plankton purse seine, *Fish Bull.* 70, 789-798 (1972).

17) P.H. Wiebe, S.H. Boyd, B.M. Davis, and J.L. Cox: Avoidance of towed nets by the Euphausiid (*Nematoscelis megalops*), *Fish Bull.* 80, 75-91 (1982).
18) 中村元彦：60 cm ボンゴネットにおけるカタクチイワシ仔魚の網口通過率の推定，水誌, 55, 1893-1898 (1989).
19) 松田　皎・胡　夫祥・佐藤　要・五月女雄二郎・春日　功：中層トロールシステムの静的特性に関する海上実験，日水誌, 57, 655-660 (1991).

10. ソデイカ針の動態と漁獲過程

光 永　靖*

　センサーで測定した値をメモリに記録するデータロガーは本来，産業工学分野から派生したものであるが，電源部を含めた一体構造化と耐水圧化を達成し，アザラシなどの大型海洋生物に装着するバイオテレメトリー（生物行動情報遠隔測定）に用いられはじめた．エレクトロニクス技術の進歩とともに生物装着型データロガーは小型化し，現在では魚類にも応用が可能となった[1-7]．小型・軽量化されたデータロガーはそれを装着した個体の行動に影響を及ぼさないことから，さらに小型個体のバイオテレメトリーに応用されつつある．今回，データロガーの小型・軽量化は漁具についてもその挙動を乱さずに動態を把握できることに着目し，ギアテレメトリー（漁具運動情報遠隔測定）への応用を試みた．漁業生産において，われわれと漁獲対象生物との唯一の接点が漁具であろう．漁獲対象生物のバイオテレメトリー情報と漁具のギアテレメトリー情報とを融合することにより漁獲過程の解明に資することが，テレメトリー手法の展開の1つと考える．

　ソデイカ（*Thysanoteuthis rombus*）は熱帯・亜熱帯海域に生息する外洋性のイカで，外套背長85 cm，体重20 kg以上にもなる食用としては最大のイカである[8]．本種は冷凍しても味が変化しないために保存や流通の面で優れ，スルメイカやアカイカに変わる新しい資源として需要が増加している．温帯海域である日本海沿岸へは対馬暖流によって来遊する他生的な資源で，再生産には関与しない系群であるとされているが，来遊機構や成長などの生態についてはほとんど明らかになっておらず，急激な漁獲量の増加による資源枯渇が危惧されている．

　ソデイカ漁業は兵庫県但馬地方が発祥地とされており，この地で確立された「樽流し立て縄」と呼ばれる漁法が全国に広まった．同漁法は擬餌針を樽に結び，水中に投入する．ソデイカが掛かり，樽の姿勢が横向きから縦向きに変化

---

* 近畿大学農学部

したのを確認して揚縄する．1隻につき約30～50個の樽が用いられる[9]．漁業者の間では，針の姿勢や動きが漁獲に影響すると考えられており，各自で工夫がなされているが，実際に水中での針の動態を把握することは困難であった．本研究では，ソデイカ漁業を対象として，漁具と漁獲対象生物にテレメトリー手法を応用し，漁獲過程の解明に資することを目的とした．

§1．ソデイカ針のギアテレメトリー
1・1　データロガーによる漁具水深の測定

兵庫県香住町沖の水深約150 m海域において，2003年7月17日，9月9日，10月7日の3回調査を行った．調査には兵庫県立農林水産技術総合センター所有の調査船「たじま」で，周辺海域で実際に使用されているものと同様の樽流し立て縄を用いて試験操業を行った．漁具の概要を図10・1に示す．ソデイカ針は針軸に紡錘形（長さ約20 cm，最大直径約4 cm）の胴体部を覆いかぶせて使用する．各調査につき2～4回，実際の操業と同様に一定の速度で船を進めながら針・ビシ・樽の順に漁具を約100 m間隔で投入し，約30～90分後に揚縄した．各調査の開始および終了時には，水深10，50，100 m層の流向・流速をADCPにより，水温・塩分の鉛直プロファイルをSTDにより記録した．漁具の運動解析を行なうに当たり，まずは最も基本的な水深情報に着目した．

図10・1　樽流し縦縄

ビシと針の水深変化を把握することで，投入後，沈降していく漁具の相対的な位置関係を把握することを試みた．各調査につき3～4個の樽を用意し，針の本数（1, 2本），大きさ（大，小），浮力（浮，沈），ハリスの長さ（8, 15 m）を変化させた．ビシの上部と針の上部あるいは内部とに水深・水温データロガー（Star-Oddi社製，DST milli）を装着した．データロガーは直径12.5 mm，長さ38.4 mm，空中重量7 gで，圧力・温度センサーで測定した水深・水温の値を1秒間隔で内部メモリに記録する．100 mの幹縄にビシと，浮針，沈針をそれぞれ8, 15 mのハリスに取り付けた漁具について，投入後10分間の水深変化を図10・2に示す．ビシ，ハリスの短い浮針，ハリスの長い沈針の順に55～60 cm/秒で沈降し，約3分で水深100 mまで到着した．その後，浮針と沈針の水深が逆転し，0.2 ktの流れに吹かれてビシと浮針は約93 m，沈針は約99 mの漁具水深を保った．周辺の流動環境によって，実際の漁具水深は幹縄とハリスの長さを足し合わせて予想される漁具水深とは異なることが実測された．

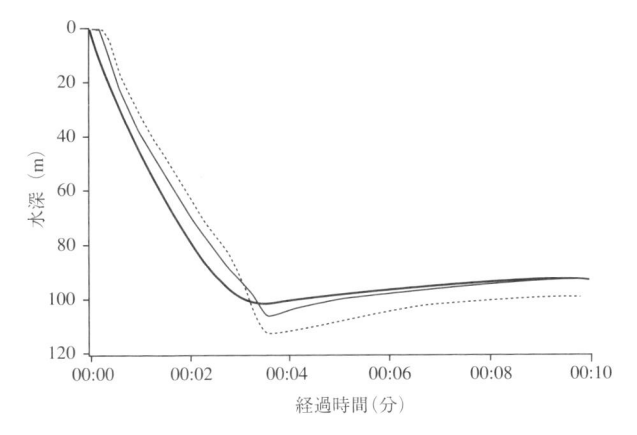

図10・2 樽流し縦縄投入後10分間の漁具水深変化．太線はビシ，細線は浮針，破線は沈針を示す．

1・2 データロガーによる針の動態解析

漁具水深に加え，針自体の動態を把握するために，加速度センサーを搭載したデータロガー（Little Leonardo社製，M190L-D2GT）を用いた．1・1の操業と同時に各調査につき1個の樽を用意し，幹縄の長さは100 m，ハリスの長

さは8mの1本針とした．針の胴体内部を貫通する針軸中央にデータロガーを固定し，データロガーを挟むように浮力体を挿入して胴体部を覆いかぶせた（図10・3）．加速度データロガーは直径15 mm，長さ53 mm，空中重量18 gで，水深・水温に加え，縦横2軸の加速度を記録する．加速度，水深，水温をそれぞれ1/128, 1, 1秒間隔で測定した．針自体の動きを示す運動加速度は高周期成分として記録されるが，姿勢に応じて変化する重力加速度の分力も同時に低周期成分として記録される．この特性を用いて，縦軸加速度a（G）の低周期成分から擬餌針の角度 θ（°）を以下の式で見積もった．

$$\theta = \sin^{-1} a \times 180 / \pi \tag{1}$$

すなわち，針の角度は針先が真上，水平，真下の際にそれぞれ90°，0°，-90°となる．重力加速度の分離にはバンドパスフィルターを用いるのが理想的であるが，ここでは簡易的に移動平均法を用いた．

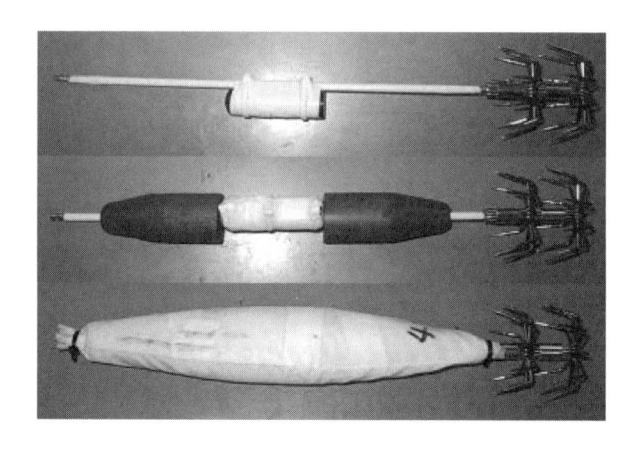

図10・3　データロガーを内蔵したソデイカ針

　7月17日の調査では，1・1の水深データロガーを装着した漁具を含め，いずれの漁具でもソデイカは漁獲されなかった．これは調査日が漁期の初頭であったため，ソデイカの来遊数が少なかったことが関係したと思われる[10]．9月9日の1回目の操業で加速度データロガーを内蔵した針により，外套背長39.8 cm，体重2.5 kgのソデイカが漁獲された．2回目の操業では，同じく加速度データロガーを内蔵した針の針先にソデイカの触腕の一部が付着していた．10

10. ソデイカ針の動態と漁獲過程　111

月7日の2回目の操業中に2個の樽の姿勢が横向きから縦向きに変化したが，一方は揚縄中に外れてしまい，他方ではムラサキダコが漁獲された．

　ソデイカが漁獲された操業について，投入から揚縄までの加速度データロガーの記録を図10・4に示す．水深の記録から，針は水深約100 mまで速やかに沈降した後，約0.5 ktの比較的速い流れに吹かれて上昇した．縦軸加速度には，針が上昇し始めた直後から約2分間にわたって振幅約2Gの大きな変動が記録されていた．その後，揚縄まで間欠的に同様の変動が記録されていた．これらの変動は，樽への反応を含め漁獲がなかった操業中の記録には全く見られない特徴的なものであり，触腕による針への攻撃，あるいはイカ類の推進方法であるジェット噴射が，針を介して記録されたものと思われる．ソデイカは針掛り後，針から逃れるため連続的にジェット噴射を行ったのではないだろうか．揚縄まで，ソデイカが休息を取りながら，繰り返しジェット噴射を行っていた様子が伺える．最初に記録された大きな変動，すなわちソデイカと針との初接触前後の記録を図10・5に拡大して示す．水深の記録から，針は約5秒周期で約0.5 mの上下運動を行なっていた．漁業者により経験的に選択された適度な浮力の樽が海面のうねりにより上下する運動が，針に伝わったものと考えられる．

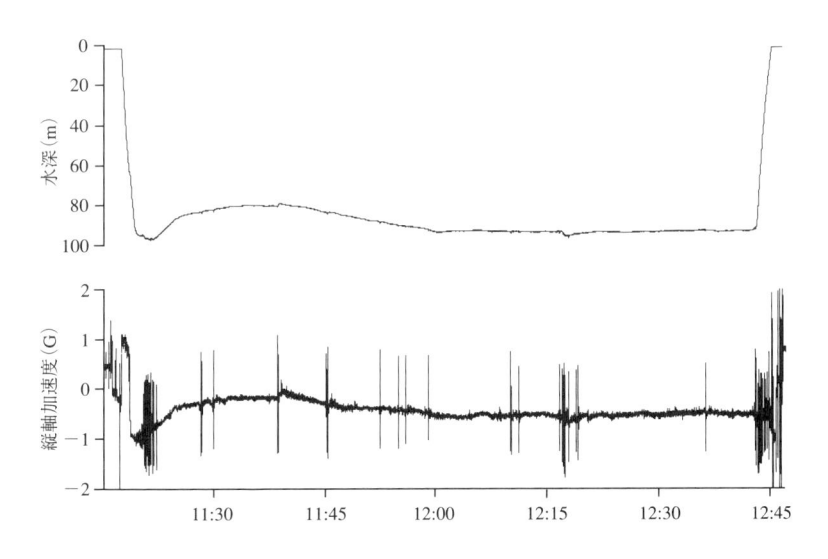

図10・4　ソデイカが漁獲された操業時のデータロガーの記録

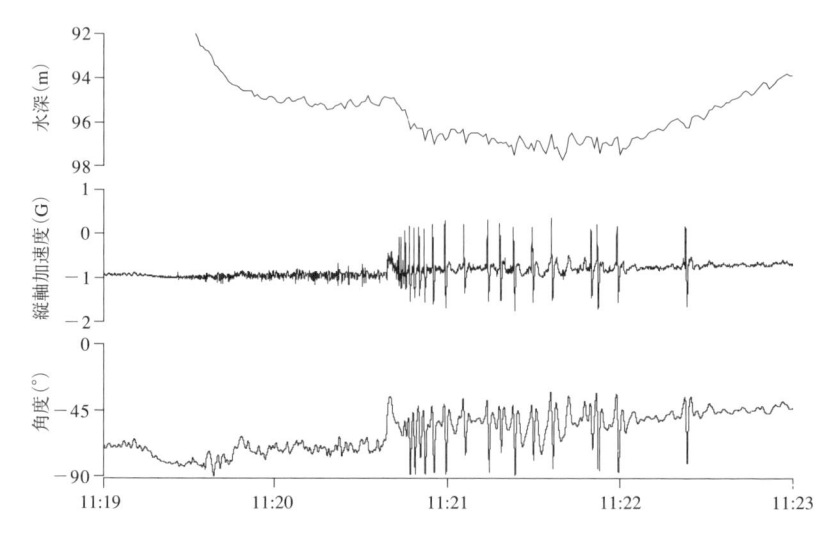

図10・5 ソデイカと漁具との初接触時のデータロガーの記録

縦軸加速度にはこの運動の他に約1秒周期の運動が記録されていた．うねりによる上下運動に加え，針自体が振動していたことを示している．縦軸加速度の低周期成分から算出した針の姿勢は，最深部まで沈降した時点では約$-90°$であったが，ソデイカとの接触前は約$-60°～-80°$の間で変化していた．これらの挙動がソデイカの興味を誘い，漁獲に至ったのではないだろうか．1・1の漁具も含めた全操業で，のべ75個の針のうち加速度データロガーを内蔵した針でのみソデイカが漁獲された．針の内部にデータロガーと浮力体を埋め込んだ際に，漁業者の言う「釣れる針」の条件を偶然満たしたのかもしれない．今後は事例を積み重ねるとともに，針の比重や重心を変化させることで針の特性を定量的に評価することが必要である．

§2．ソデイカのバイオテレメトリー

2・1 超音波発信機による行動追跡

兵庫県香住町沖の水深約200 m海域において，2004年10月17日に追跡調査を行った．超音波発信機（Vemco社製，V16P）は直径16 mm，長さ108 mm，水中重量18 gで，圧力センサーで測定した水深の値に比例してパルス間

隔が変化する．地元漁業者の樽流し立て縄で漁獲されたソデイカ（外套背長74 cm）の鰭の付け根部分に超音波発信機を装着し，速やかに放流した．調査船「たじま」の舷側に固定したハイドロフォン（Vemco社製，V41）を介してピンガーの信号を受信機（Vemco社製，VR28）で受信し，信号の方向に調査船を進ませて追跡した．追跡中，GPSにより測位した調査船の位置をもって個体の位置とした．当日の調査海域での信号到達距離は約200 mであった．追跡開始時と終了時に，水深10，50，100 m層の流向・流速をADCPにより，水温・塩分の鉛直プロファイルをSTDにより記録した．追跡中の個体の遊泳水深を図10・6に示す．10:18の放流直後，個体は急潜行して水深約70 mに達し，10:34に一時的に見失ってしまった．12:27に約2 km北で発見した時には水深約80 mを滞泳しており，その後17:00にかけて水深約120 mまで徐々に潜行した．日没前から水深約60 mまで徐々に浮上し，20:23にさらに水深約30 mまで浮上した時点で見失った．その後，翌朝まで周辺海域を探索したが再び発見することはできなかった．約10時間の追跡の間，個体は北東方向に約14 km移動し，平均移動速度は1.5 km/時であった．

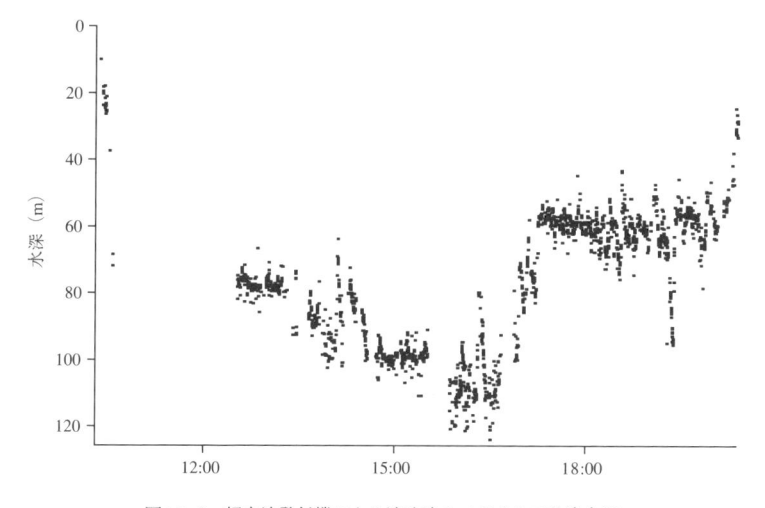

図10・6　超音波発信機による追跡時のソデイカの遊泳水深

2・2　データロガーによる行動記録

鳥取県鳥取市沖の水深約200 m海域において2004年10月7日～11月10日

にかけて標識放流調査を行った．地元漁業者の樽流し立て縄で漁獲されたソデイカ20個体に2・1の超音波発信機と同様の方法でデータロガーを装着し，速やかに放流した．用いたデータロガーは1・1の水深・水温データロガーと同じで，測定間隔は放流後10日までは1分，11～35日は5分に設定した．2004年11月10日に放流した1個体（外套背長52 cm）が38日後の12月18日に富山県黒部市沖の定置網で再捕され，データロガーを回収した．内部メモリから記録を読み出した結果，12月15日までの35日間にわたる水温と水深の記録を得た．図10・7に放流後35日間の個体の遊泳水深と経験水温の記録を示す．個体は記録期間中，水深約0～290 mの範囲で活発に鉛直移動を繰り返していた．2・1で超音波発信機により追跡した個体と同様に明らかな日周性が確認され，夜間は表層に留まり，昼間に深層で鉛直移動を行なっていた．鉛直移動に伴い，個体は約20～2℃の範囲で急激な水温変化を経験していた．夜間，表層に留まっていた際の経験水温，すなわち生息海域の表層水温は約20～18℃まで徐々に低下した．通常の標識放流では放流地点と再捕地点の情報しか得られない．今回得られた放流から再捕までの水温・水深の情報，例えば生息海域の表層水温の変化や，規則的に鉛直移動を繰り返す過程で測定された各層の水温と，定

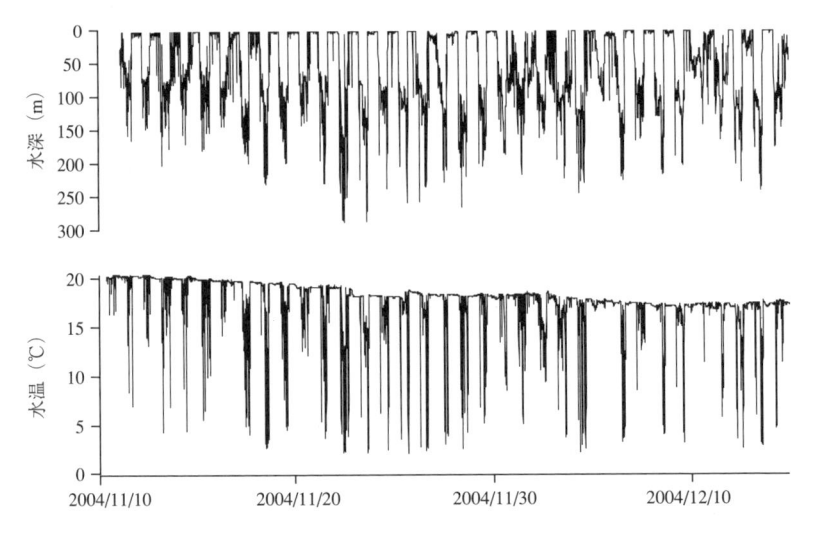

図10・7　放流後35日間の個体の遊泳水深と経験水温の記録

点観測やリモートセンシングによる水温の測定結果とを照らし合わせて解析することで，個体の移動経路が推定できると期待される．

§3. ソデイカの漁獲過程

最後に樽流し立て縄によるソデイカの漁獲過程について言及する．冒頭で述べたように，われわれと漁獲対象生物との唯一の接点が漁具であり，ここではわれわれとソデイカとの接点はソデイカ針と捉えることができる．漁獲の大前提は漁具と漁獲対象生物との時間・空間（水平・鉛直）的位置が一致し，両者が遭遇することであろう．ここではソデイカの漁期中に漁場内で，ギアテレメトリー情報から明らかとなるソデイカ針の漁具水深と，バイオテレメトリー情報から明らかとなるソデイカの遊泳水深が一致することを指す．1・1で示した漁具水深の把握は狙った水深に針を保つことを可能にする．§2. で示したソデイカの鉛直移動は狙うべき水深を決定する．さらに，水平移動速度や移動経路の推定は漁場分布の予測にも有益である．ソデイカは針に遭遇した後，針を餌として認知し，接触する．1・2で示した針に内蔵したデータロガーを介して記録されたソデイカの生体反応と，その直前の針の動態は，さらなる漁具改良につながるであろう．ソデイカが針に接触した後，針先がソデイカの体の一部に刺さった状態を保ったまま，船上まで漁具が揚縄された時点で漁獲が成立する．ある漁業者は，針の姿勢はソデイカの興味を誘う点だけでなく，針が体に刺さる位置を決定し，その位置が船上まで針が外れずにソデイカを引き揚げることができるかを左右する点で重要だと述べている．1・2で示した重力加速度から算出する針の姿勢がこの仮説を検証するのに役立つであろう．漁獲対象生物のバイオテレメトリー情報と漁具のギアテレメトリー情報とを融合することにより漁獲過程を明らかにしていくことは，漁業生産において漁獲量の向上のみならず，最低限の努力量で必要量の漁獲を達成する意味で資源の持続的な利用に果たす役割が大きい．

謝　辞

本研究の遂行に際し，惜しみない御協力を下さった兵庫県立農林水産技術総合センター・但馬水産技術センターならびに鳥取県栽培漁業センターの方々に

厚く御礼申し上げます．海域での追跡調査に際し，兵庫県立農林水産技術総合センター調査船「たじま」の方々に厚く御礼申し上げます．標識放流調査に際し，兵庫県ならびに鳥取県の漁業者の方々に厚く御礼申し上げます．本研究の一部は「先端技術を活用した農林水産研究高度化事業」の一環として行われた．

文献

1) N. Takai, W. Sakamoto, M. Maehata, N. Arai, T. Kitagawa, and Y. Mitsunaga: Settlement Characteristics and Habitats Use of Lake Biwa Catfish Silurus biwaensis Measured by Ultrasonic Telemetry, *Fish. Sci.*, 63, 181-187 (1997).

2) 笠井亮秀・坂本 亘・光永 靖・山本章太郎：マイクロデータロガーによるイナダの遊泳行動解析, 日水誌, 64, 197-208 (1998).

3) 光永 靖・坂本 亘・荒井修亮・笠井亮秀：水温を指標とした野外におけるマダイの酸素消費量の見積もり, 日水誌, 65, 48-54 (1999).

4) A. Kasai, W. Sakamoto, Y. Mitsunaga and S. Yamamoto: Behavior of immature yellowtails observed by electronic data recording tags, *Fish. Ocean.*, 9, 259-270 (2000).

5) Y. Mitsunaga, N. Arai, H. Masuda ,and W. Sakamoto: Heart Rate Telemetry of Red Sea Bream Using an Ultrasonic Transmitter, *Fish. Engin.*, 40, 23-28 (2003).

6) 光永 靖・荒井修亮・坂本 亘：水温・水深データロガーによるマダイの遊泳行動の長期間記録, 海洋理工学会誌, 8, 25-33 (2003).

7) Yasushi Mitsunaga, Syunsuke Kawai, Kazusoshi Komeyama, Masanari Matsuda and Takeshi Yamane: Habitat utilization of largemouth bass around a set net, *Fish. Engin.*, 41, 251-255 (2005).

8) C.M. Nigmatullin, A.I. Arkhipkin and R. M. Sabirov, 1995: Age, growth and reproductive biology of diamond-shaped squid *Thysanoteuthis rombus* (Oegopsida: Thysanoteuthidae), *Mar. Ecol. Progr. Ser.*, 124, 73-87 (1995).

9) 金田禎之：日本漁具・漁法図説, 成山堂書店, 1997, pp. 521-522.

10) 宮原一隆・反田 實・大谷徹也・松井芳房：平成13年度兵庫県水産試験場事業報告書, 14-21 (2003).

11. コウイカかごの潮流による姿勢変化の解析

平 石 智 徳*

　有明海の入り口に位置する島原湾ではコウイカを対象としたかご漁業が行われている．コウイカは，有明海では越冬のため外海に移動し産卵期には内湾沿岸に接近する産卵回遊を行っており，産卵習性として海底の海藻，岩，沈木などに卵嚢を産み付ける[1,2]．この習性を利用したかご漁具を使って，島原湾では水温が約11℃を超える初春にイカかご漁が行われる．

　図11・1に示した長崎県深江町沖合漁場では以前には竹を組み合わせて石を重しとしたかごが用いられてきたが，その重量のために揚かご時に漁業者の負荷が大きいことや，漁獲物をかごから取り出すのに手間がかかることから，近年では天草地方で用いられていた鉄枠を組み合わせた半球型のかごを使うようになってきた．これにより，揚かご時に1連の漁具の両端の3つほどのかごの枝縄が何回もねじれている状況が起こっていたり，かごの重量が軽く潮流の影響を受けやすいことから，1連の漁具の両端には従来用いられてきた竹かごを取り付けることが行われている．

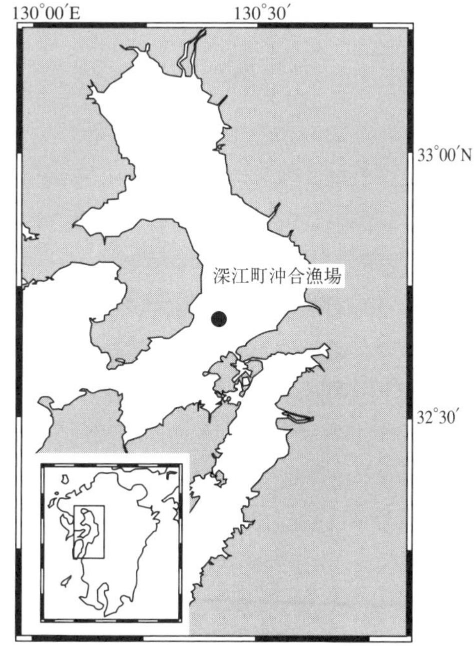

図11・1　実験漁場（長崎県南島原市深江町沖合）

---
　*　北海道大学大学院水産科学研究院

深江町沖合では主軸を北北東から南南西とする安定した流軸の潮流が卓越しており，大潮時には70 cm／秒を超える潮流が発生することから，当漁場の流動環境は潮汐が影響し[3,4]，潮流の流速が減少する小潮時と減少前の流速に回復するまでの小潮から大潮への中間潮時に漁獲量が増加している[5-7]．この一因として漁具の構造を見ると，大潮時に発生する強い潮流により，幹綱，枝縄，イカかごが潮下側にふかれることにより，かごが離底することが考えられる．この現象を把握するために近年開発されたデータロガーを使用しイカかごの離底状況や姿勢を推定することを試みた．特に姿勢を推定する指標として加速度を測定し記録できるデータロガーを用いた．

§1. イカかご漁具

　現在深江町沖合漁場で使われているイカかごを図11・2，11・3に示す．鉄枠のかごは直径1 mの円形フレームに2つの半円のフレームが取り付けられ，網地が張られており，側面に1ヶ所漏斗状の入口がある．竹枠のかごは直径1 m，高さ45 cmの円柱形をしており，側面に1ヶ所漏斗状の入口がある．通常は鉄枠のかごを約9 mの枝縄をほぼ29 m間隔で30かご幹綱に取り付けた1連の漁具として使われているが，潮流の具合を見て両端のかごに竹枠のかごを使う場合もある．漁具は各割り当て区画に1連の漁具をほぼ岸に沿った方向に敷設さ

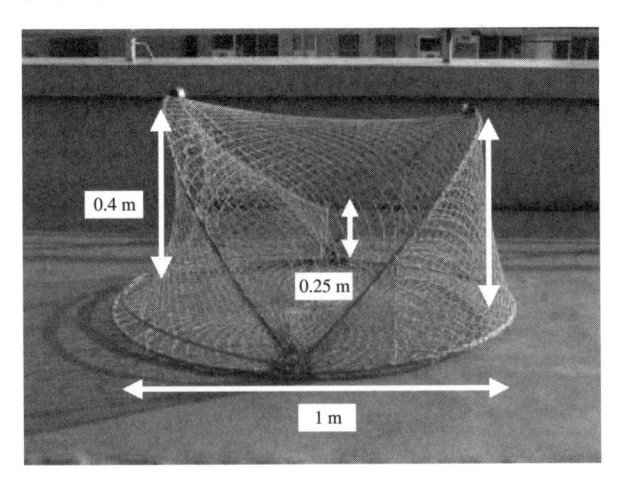

図11・2　コウイカかご（鉄枠）の構造と諸元

図11・3　かご漁具1連の両端に取り付けられるコウイカかご（竹枠）

れる．漁獲は1かごに多くて20個体ほどであり，好漁で1日当たり250 kgほど取れている．このイカかごの動態を調べるためにデータロガーを使用した測定を行った．

図11・4にデータロガーの取り付け状況を示した．使用したデータロガーの仕様を表11・1に示す．使用したデータロガー（UWE-190，UWE-200；リトルレオナルド）は直径2.1 cm，長さ11.3 cmの円筒形であり，圧力（水深），温度（水温），プロペラ（流速），2方向の加速度（運動，姿勢）が測定できる．このデータロガーを図11・3に示したように2つの半円フレームの頂上に平行にそれぞれ1個ずつ取り付けた．長時間の測定を行うために2つのデータロガ

図11・4　データロガーのかごへの取り付け位置

表11・1　イカかごに取り付けたマイクロデータロガーの諸元

型	直径 (cm)	長さ (cm)	水中重量 (g)	分解能				メモリー (MB)
				流速 (cm/秒)	加速度 (m/秒^2)	水深 (cm)	水温 (℃)	
UWE-190-A-PD2GT	2.1	11.3	14.8	±5	±0.24	±5	±0.2	256
UWE-200-A-PD3GT	2.1	11.3	14.8	±6	±0.25	±6	±0.3	128

ーの始動時刻をタイマー設定により変えることで連続したデータを記録できるようにした．データロガーのサンプリング間隔は水温を30秒，水深と流速を1秒，X軸（ロール）の加速度を4Hz，Y軸（ピッチ）の加速度を16Hzに設定した．また，イカかご連のアンカーに水深測定用の深度データロガーを取り付けた．実験は2004年3月16日12時より4月4日16時までの間，長崎県深江町沖合の漁場に漁具を設置して行った．

§2．データロガーの加速度センサーと流速測定プロペラ出力の特性

データロガーに搭載された加速度センサーとプロペラ出力について校正を行った．加速度センサーは重力加速度を基準にして被測定物にどのくらいの加速度が作用しているかを測定する．これは被測定物が加速度運動をしていない場合にセンサーがある方向に傾いた時には感度方向の力が重力方向の分力として測定され，これから被測定物の傾斜が求められる．この特性を用いて，かごの姿勢変化を求めた．このためにデータロガーを各軸別に360°回転させて傾斜角度とセンサー出力との関係を求めた結果を図11・5に示す．この図からセンサー出力が同じになる角度が2つあることがわかる．

次に図11・6にプロペラ出力についての校正結果を示す．プロペラは軸が流れに垂直な方向に向いた時が基準となるが，かごに取り付けられたデータロガーの中心軸は必ずしも流れと垂直とは限らない．しかし，図11・6を見ると20°くらいまでならほぼ垂直方向の流速を測定しているとみなせ，かごにあたる流れを推定できることがわかる．

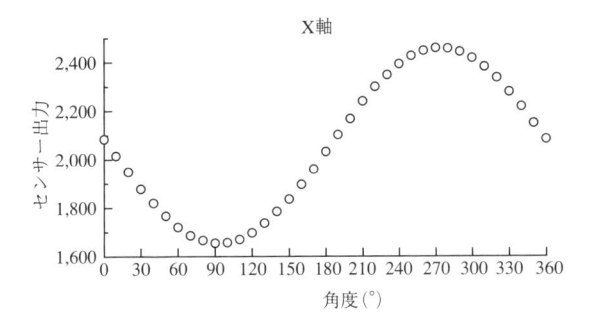

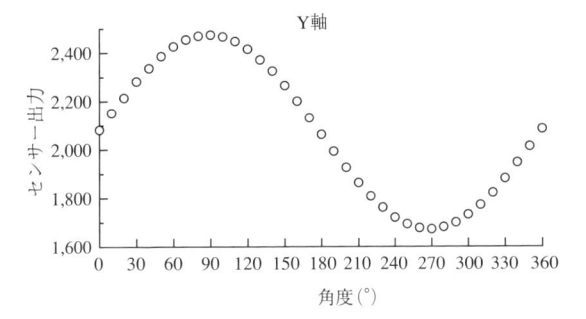

図11・5 データロガーの加速度センサーの角度の校正

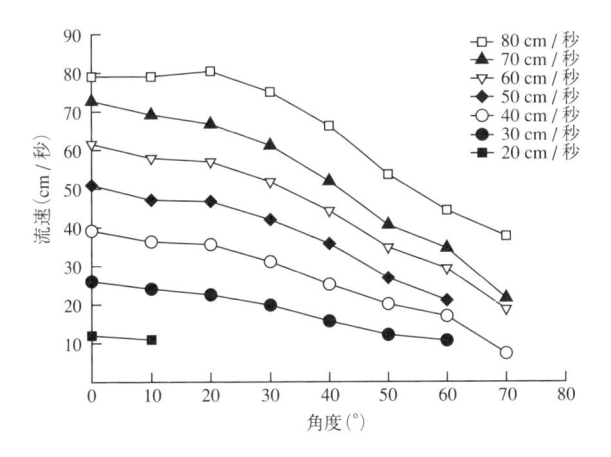

図11・6 データロガーのプロペラ出力の角度校正

§3. イカかご周辺の流況と姿勢変化の解析結果

実験は2004年3月16日12時より4月4日16時までの間行った．データロガーを回収しデータを読み出したが3月25日12時から29日12時までのデータが得られなかった．また，アンカーに取り付けた深度データロガーからは3月16日から25日までのデータが得られた．

図11・7に連続したデータの得られた測定期間の記録を示した．途中の欠損部分は2つのデータロガーの電池寿命と記録開始時刻の設定が適切でなかったために欠落した期間である．水温は12.8℃から13.8℃の範囲で大潮時に変動が大きくなっており，これは外海から暖水が流入してきたことが示唆される．流速は最大で137.5 cm/秒の値が観測された．また水深は潮汐と同期して変動しており最大で約4.6 mの潮差がある．

かごの動態を見ると最初に投かごされた直後にはY軸がほぼ－90°を示しており，鉛直方向に落下し海底面に着底すると同時にY軸は約3°となっている．この時X軸は約－7°でこのデータロガーの測定期間でははとんど姿勢の変化は見られなかった．2台目のデータロガーの測定期間には120 cm/秒を超える潮流が見られ最初の115 cm/秒の流速時にX軸，Y軸とも大きく変動しており角度が90°を超えた現象が発生している．その後の流速が50 cm/秒以下の

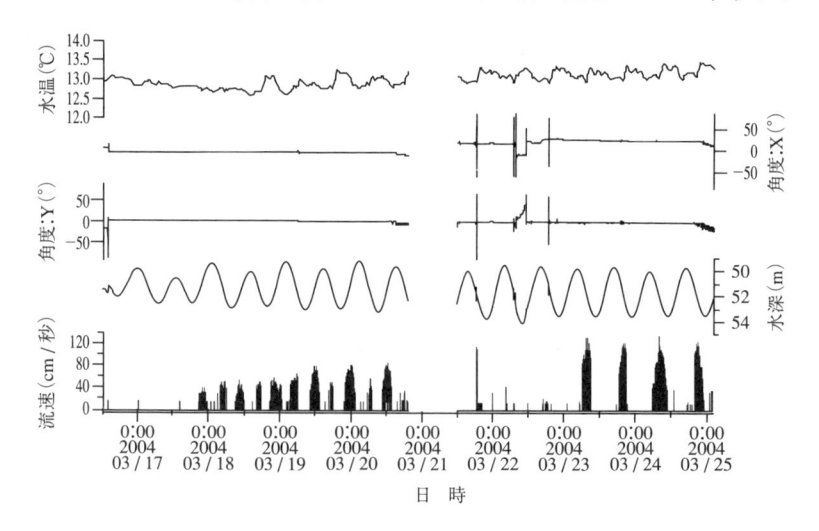

図11・7　データロガーの全測定期間の記録（2004年3月16日～3月25日）

場合にも同様な現象が見られるが100 m/s以上の流速でも角度変化がない状態も見られる．

　アンカーに取り付けた深度データロガーの3月16日から25日までの記録期間でかごの姿勢変化に大きな変化の見られた3月21日の18時35分から18時55分までの期間と3月22日7時30分から12時までの期間についてのデータロガーの記録をそれぞれ図11・8, 11・9に示す．図11・8ではX軸まわりに短時間で反転する動きが観測され，それに伴ってデータロガーの水深が変化していることがわかる．図11・9ではX軸の値が17°から－14°に急激に変化した後，Y軸の値が徐々に大きくなる現象が3時間以上観測された．これは枝縄を支点としてX軸まわりに傾いたまま，かごの後端部が持ち上がり，海底面と接する部分が少なくなることで回転しやすくなりX軸まわりの回転が生じてついにはかごの底面が海底に着底したことを示している．アンカーの位置とデータロガーをつけたかごの位置との関係が明確ではないためにアンカー位置で測定した水深とデータロガーの水深データからイカかごが離底したかどうかの判断はできなかったが，角度変化と同時に水深の変化が現れ，この量は約0.5 m以

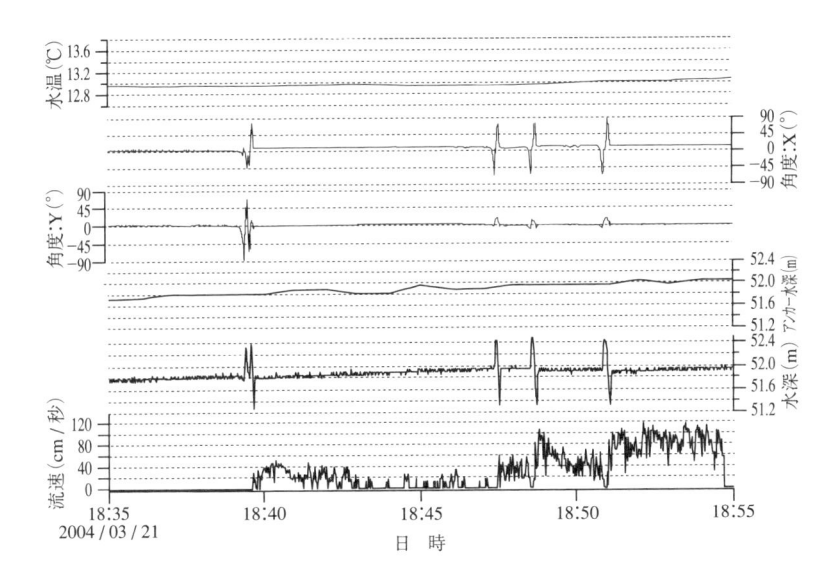

図11・8　イカかごの枠上部の水深変化（水深）とかごの回転状況（X軸）（2004年3月21日 18:35～18:55）

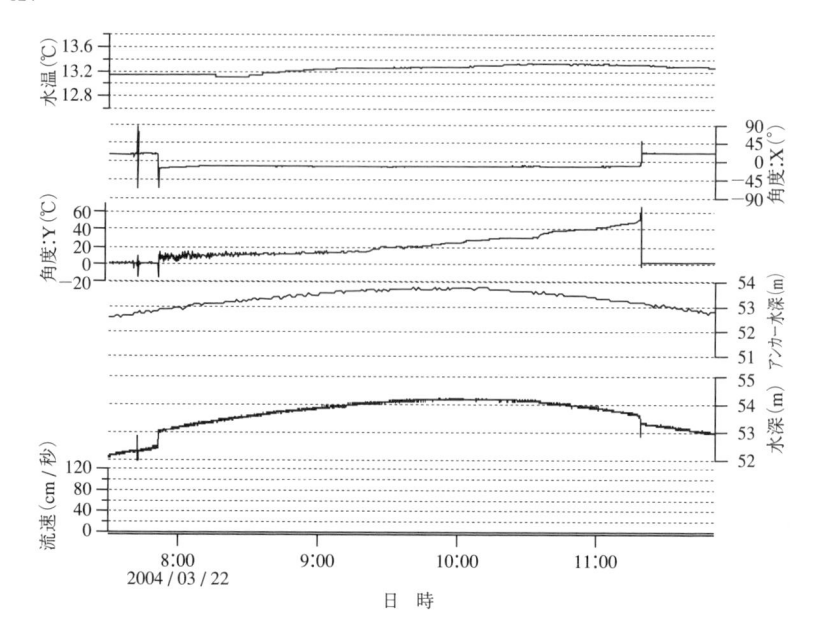

図11・9　イカかごの枝縄を支点とした後端部の浮上状況（Y軸）（2004年3月22日 7:30～12:00）

下であった．使用したイカかごの高さが0.45 mであったことから水深変化はイカかごが傾くことで発生したと考えられ，この現象は測定期間のすべてに見られたことから本実験中はイカかごは離底しなかったとみられる．なお，図11・9の期間は流速が検出されていないが図11・7の記録から見てこの期間にも100 m/秒以上の潮流があったと思われる．しかし，データロガーの向きが流軸とほぼ直交していたために検出されなかったと考えられる．

加速度センサーの性質上±90°以上の値を記録できないがX，Y軸ともに±90°となる急激な角度変化が発生している場合にはイカかごが反転している可能性もある．また，X軸の角度変化は枝縄の取り付け位置と漏斗口の関係からみて漏斗口が海底に接して塞がる可能性があり，これがイカの進入をさまたげる要因となり，漁獲量に影響しているとも考えられる．

§4. 今後の課題

図11・5で示したように使用した加速度センサーの出力は2つの角度で同じ

出力値になる．したがって3次元空間でのかごの姿勢を特定するための測定方法を工夫する必要がある．磁方位を記録するデータロガーを使用して漁具の敷設方向との変位を測定したり，ジャイロを組み込んだセンサーを搭載することで計測が可能となるが現在のマイクロデータロガーに組み込める大きさのものを手に入れることが困難である．ここで使用したデータロガーを用いた測定を考えると単純に取り付けるデータロガーの位置を工夫することと数を増やすことで測定が可能であるといえる．しかし数を増やすことはかごの重量の増加や重心位置の移動，モーメントの変化など被対象物の特性を変えることにつながるため，より小型化されたデータロガーが必要になる．

また，プロペラで流速を計っているが使用したデータロガーではプロペラ部分が本体と一体化されているため本体をかごに固定する設置方法では流向を測定することができない．これはプロペラ部分を可動式にすることで解決できるが構造が複雑になることから現在のデータロガーでは難しい．また，センサーを電磁式に変えることも考えられるがセンサーの大きさや電源の問題もありこれも困難な課題といえる．

データロガーを使用した測定の発展で特にめざましいものは小型化と長寿命の電源の開発であるといえる．現在ではマイクロマシンのような極小型のメカニズムが開発されており，上で述べた課題についても将来は解決されより多くのデータロガーを使った測定が可能になるように期待している．

文 献

1) 奥谷喬司：水産無脊椎動物 II（奥谷喬司編），恒星社厚生閣，1994, p165.
2) 奥谷喬司：原色世界イカ類図鑑，全国いか加工業協同組合，1995, p25.
3) 西ノ首英之・山口恭弘：雲仙普賢岳火山活動の水産業に及ぼす影響調査事業報告書（有明海漁場環境調査協議会編）・有明海漁場環境調査協議会，1996, pp.10-66.
4) 山口恭弘・合田政次・塩谷茂明・石原忠・西ノ首英之・内山休男：火山起因物質の水無川河口周辺海域への堆積，雲仙・普賢火山災害に挑む（長崎大学生涯学習教育研究センター運営委員会編），長崎大学，1994, pp.121-140.
5) 山口恭弘・山根猛：島原湾におけるコウイカ Sepia esculenta の漁獲と潮流の関係について，日水誌，64, 121-122 (1998).
6) 山口恭弘・山根 猛：有明海におけるいかかごによるコウイカ Sepia esculenta 漁獲量と水温，潮汐の関係について，水産工学，36, 45-48 (1999).
7) 山口恭弘・西ノ首英之・山根猛：島原湾コウイカかご漁場の流動環境と漁獲の関係について，日水誌，67, 438-443 (2001).

本書の基礎になったシンポジウム

平成18年度日本水産学会大会シンポジウム
「水産動物の行動と漁具の運動解析におけるテレメトリー手法の現状と展開」
企画責任者　山根　猛（近大農）・光永　靖（近大農）・川邊　玲（長大水）・佐藤克文
　　　　　　（東大海洋研）・赤松友成（水工研）・荒井修亮（京大院情報）・山本勝太郎
　　　　　　（北大院水）

開会の挨拶	山本勝太郎（北大院水）
Ⅰ．魚類の行動解析への応用　　　　　　　　　座長	光永　靖（近大農）
1．メバルの回帰・固執行動	三田村啓理（京大院情報）
2．月周産卵魚カンモンハタの産卵関連行動	征矢野清（長大水）
3．シロザケの繁殖行動と時間配分	津田裕一（北大院水）
4．クロマグロの回遊経路と海洋環境の関係	北川貴士（東大海洋研）
質疑	
Ⅱ．ほ乳類・は虫類の行動解析への応用　　　　座長	佐藤克文（東大海洋研）
1．バイカルアザラシによる淡水ダイビングの行動解析	渡辺佑基（東大海洋研）
2．鳴音を利用したジュゴンの行動追跡	市川光太郎（京大院情報）
3．アオウミガメの回遊・潜水行動	安田十也（京大院情報）
4．休息を伴うオサガメの潜水行動	田中秀二（北大院水）
質疑	
Ⅲ．漁具の運動解析への応用　　　　　　　　　座長	山本勝太郎（北大院水）
1．刺網の運動解析と漁獲過程のモデル化	清水孝士（北大院水）
2．曳網採集具の運動解析	板谷和彦（道中央水試）
3．ソデイカ針の動態と漁獲過程	光永　靖（近大農）
4．イカかごの動態	平石智徳（北大院水）
質疑	
総合討論　　　　　　　　　　　　　　　　　　座長	荒井修亮（京大院情報）
	山根　猛（近大農）
	光永　靖（近大農）
	佐藤克文（東大海洋研）
	山本勝太郎（北大院水）
閉会の挨拶	荒井修亮（京大院情報）

出版委員

稲田博史　落合芳博　金庭正樹　木村郁夫
櫻本和美　左子芳彦　佐野光彦　瀬川　進
田川正朋　野澤尚範　深見公雄

水産学シリーズ〔152〕　　　　定価はカバーに表示

テレメトリー－水生動物の行動と漁具の運動解析
Aquatic Biotelemetry and Fishing Gear Telemetry

平成 18 年 10 月 15 日発行

編　者　　山本勝太郎
　　　　　山根　猛
　　　　　光永　靖

監　修　　社団法人 日本水産学会
　　　〒108-8477　東京都港区港南 4-5-7
　　　　　　　　　東京海洋大学内

発行所　〒160-0008
　　　　東京都新宿区三栄町 8　株式会社 恒星社厚生閣
　　　　Tel 03 (3359) 7371
　　　　Fax 03 (3359) 7375

© 日本水産学会，2006．印刷・製本　シナノ

好評発売中

魚学入門

岩井 保 著
A5判/224頁/定価3,150円

好評を博した岩井博士著『魚学概論』の初版から20年。本書は，その間の進展著しい魚学研究の研究成果を充分にとりこみ，大幅な改訂を加えた新装版である。主に魚類の形態に重点をおき，分類・形態・生活史・分布・進化・分類などを詳細な挿絵を配し解説した入門書である。

クジラの生態

笠松不二男 著
A5判/242頁/定価3,360円

鯨類の生態を追うこと20年の笠松博士が，自ら調査航海で得た資料を基に執筆。鯨類の生態の驚異と動物学的興味を誘う特異な行動を解説する。単なる鯨類の紹介ではなく，その生活（回遊・接触・繁殖）の詳細にわたって，写真・図を多数配置して解説するクジラ百科。一般の方から専門家まで楽しめる書。

魚類生理学の基礎

会田勝美 編
B5判/356頁/定価3,990円

水中に生活する魚は陸上動物と異なった器官を有し，独自な生活を営むため，我々には理解しがたい点が多い。本書では，魚体構成要素の細胞・組織・器官の概説に加え，その生理現象を有機的に調節する生態制御系や，それに関わる物理化学的環境と生物学的環境の影響，生態防御などについても解説。体系的に魚類生理学を学ぶことができる。

海のUFOクラゲ —発生・生態・対策—

安田 徹 編
A5判/218頁/定価3,360円

本書はクラゲ博士・安田博士が多年取り組むクラゲ研究の膨大な資料を基に，上野俊士郎・足立文氏らの協力を得，体系づける本格的なクラゲ学の誕生である。分類・形態的特性・繁殖と発生・栄養と成長・フィールドにおける生活史・被害と対策・飼育と展示など，貴重な写真を配し解説。見ても楽しいクラゲ読本。

水圏生態系の物質循環

T. アンダーセン 著
山本民次 訳
A5判/280頁/定価6,090円

湖の富栄養化は世界中の深刻な問題である。本編では水圏生態学の基礎的知見に栄養塩循環と化学量論的概念を導入し，理論生態学を環境管理の予測ツールとし，生産性と食物網構造を記述，水圏のリン負荷から細胞内プロセス，食物網内での転送効率と生態系の安定性を明解した。T. Andersen著「Pelagic Nutrient Cycles」の全訳。

定価は消費税5％を含む

恒星社厚生閣